中国奶业协会
Dairy Association of China

T/DACS 001.1—2020
《现代奶业评价 奶牛场定级与评价》
标 准 解 读

◎ 中国奶业协会 主编

中国农业科学技术出版社

图书在版编目（CIP）数据

T/DACS 001.1—2020《现代奶业评价　奶牛场定级与评价》标准解读 / 中国奶业协会主编.—北京：中国农业科学技术出版社，2021.7

ISBN 978-7-5116-5369-7

Ⅰ.①T… Ⅱ.①中… Ⅲ.①乳品工业—评价—行业标准—中国—学习参考资料 ②乳牛场—评价—行业标准—中国—学习参考资料 Ⅳ.①F426.82-65

中国版本图书馆 CIP 数据核字（2021）第 105866 号

责任编辑　金　迪
责任校对　贾海霞
责任印制　姜义伟　王思文

出 版 者　中国农业科学技术出版社
　　　　　北京市中关村南大街12号　邮编：100081
电　　话　（010）82109705（编辑室）　（010）82109702（发行部）
　　　　　（010）82109709（读者服务部）
传　　真　（010）82106650
网　　址　http: // www.castp.cn
经 销 者　各地新华书店
印 刷 者　北京中科印刷有限公司
开　　本　787mm×1 092mm　1/16
印　　张　7
字　　数　137千字
版　　次　2021年7月第1版　2021年7月第1次印刷
定　　价　68.00元

T/DACS 001.1—2020
《现代奶业评价 奶牛场定级与评价》标准解读

编委会

主　　任	刘亚清						
副 主 任	王加启	李胜利	王　君	张智山	张剑秋	刘春喜	李鹏程
	赵杰军	濮韶华	罗　海	高丽娜	魏立华	于永杰	刘华国
	卢　光	王　贵	席　刚	张建设	李　军	邱太明	关晓彦
	白元龙	谢　宏	冯立科	刘　让	蔡永康	韩春辉	王培亮
	颜卫彬	徐广义	乔　绿	王　赞	孙国强		
委　　员	石有龙	张胜利	杨利国	李秀波	金红伟	许燕飞	马甫行
	刘高飞	杨　库	付文国	李　卿	宁晓波	苗　霆	马　善
	刘连超	葛建军	徐晓红	王彦生	刘　军	李春峰	李仕坚
	王银香						

编写人员

主　　编	陈绍祜	闫青霞					
副 主 编	于怀林	贺永强	韩春林	侯新峰	张开展	唐　莹	
参编人员	韩吉雨	郭　刚	刘光磊	蒋临正	田　雨	曹　正	杨继业
	张彩霞	呼　和	许红岩	冯　欣	魏小军	王　亮	张　娟
	贺文斌	吴鹏华	张云峰	杨俊霞	刘小军	林志平	孙庆余

前 言

Foreword

　　奶业作为健康中国、强壮民族不可或缺的产业，惠及亿万人民，是关系国计民生的大产业，是农业现代化的标志性产业和一二三产业协调发展的战略性产业。《国务院办公厅关于推进奶业振兴保障乳品质量安全的意见》指出"2025年奶业实现全面振兴，基本实现现代化"。奶业现代化是一个全面综合的概念，以优质奶源为基础，以现代加工为依托，以优质乳品为根本。优质奶源建立在养殖规模化、集约化、标准化、一体化之上，是现代奶业应具备的要素特点，也是奶业现代化的基础。现代奶业评价体系是一套长期的、基础性的、系统的奶业评价体系，有利于促进现代奶牛场的全面发展。该体系由中国奶业协会提出和建设实施，是健全"标准、制度、责任、任务、评价"一体化闭环管理的最后一环，意义重大。现代奶业评价体系建设工作主要涵盖奶牛养殖和乳品加工两大业务主体，建设内容涵盖业务主体现代化评价标准和管理办法。标准是推动产业链深度融合发展的长效制度。现代奶业养殖评价标准及配套办法，是建设奶业现代化的有力抓手，是推进奶牛养殖业现代化的重要依据和参考，也是保障乳制品质量安全的重要手段。通过建立系统性的奶牛场评价指标体系，对奶牛场布局、规模、智能化管理、可持续发展等条件，以及生产标准化、品种良种化、动物福利化、产品优质化等几个方面提出要求，设置管理制度、推广模式等监测评价指标体系，开展全面、系统、客观评价，达到以评促改、以评促建、以评促管的目的，让评价成果成为奶牛养殖场（户）的荣誉，并帮助奶牛养殖场（户）改进各个生产环节工作，提高奶牛场管理水平和技术应用能力，提升质量效益，为加快推进奶业现代化发挥积极作用。

　　T/DACS 001.1—2020《现代奶业评价　奶牛场定级与评价》是现代奶业评价体系的第一个标准，由中国奶业协会牵头、行业内奶牛养殖、乳品加工和社会化服务等相关的24家单位共同起草，于2020年6月18日发布，2020年8月1日开始实施。标准包括战略潜力和绩效表现两个维度，从布局合理化、养殖规模化、管理智能化、发展持续化、生产标准化、品种优良化、动物福利化、产品优质化8个方向，系统地规定了现代奶牛场全面评价的方式、方法和定级标准，通过对奶牛场进行科学的评价和合理定级，不断提高现代奶牛场的养殖生产水平，促进奶业现代化快速发展。《现代奶业评价 奶牛场定级与评价》作为团体标准，是政府和企业实施现代化奶牛场分级监管、分类指导的重要依据。实施奶牛场定级，将现代化奶牛场划分为不同等级，能够真实地反映出各地区奶牛场养殖状况和生产水平，为政府政策出台和监管提供有效的基础数据，为各大企业提供统一的、客观的定级与评价依据，为奶牛场的可持续发展明确方向，促进整个产业链的融合发展。

本书共分为术语和定义、等级和标志、战略潜力评价要求、绩效表现评价要求、定级5个章节。详细解读了T/DACS 001.1—2020《现代奶业评价 奶牛场定级与评价》标准中8个部分、88个具体条款的含义，明确计分方式和总分计算方法。后期随着奶业的不断发展，定级和评价标准将进一步修订完善，以满足实际生产需求。

编 者

2021年3月

目 录

Contents

第一章 术语和定义

　　T/DACS 001.1—2020《现代奶业评价　奶牛场定级与评价》规定了现代奶业评价体系中对奶牛场的评价要求、定级和评分计算方法，是从事该项工作的现代奶牛场定级评价师对奶牛场开展定级和评价的根本依据。

　　标准定级和评价以奶牛场为单位，适用于对中国规模化奶牛场展开评价和定级。也可作为现代化奶牛场投资建设、自评、外部评审的依据或参考。

第一节　现代奶牛场的定义

　　标准中对"现代奶牛场"进行了明确定义，以行业发展的现状为基础，结合发展方向，将存栏规模控制在100头及以上，且有序地实现了现代化管理。

　　现代奶牛场定义为："饲养管理符合NY/T 2662中的规定，存栏规模在100头及以上，实现现代化养殖，保障动物福利、有效控制生鲜乳质量的诚信奶牛养殖场。"

第二节　现代奶牛场的特点

　　现代奶牛场应具备：布局合理化、养殖规模化、管理智能化、发展持续化、生产标准化、品种良种化、动物福利化和产品优质化等8个特点，将8个特点归纳为奶牛场的战略潜力和绩效表现两个维度。

　　奶牛场的战略潜力是指布局合理化、养殖规模化、管理智能化、发展持续化。奶牛场的绩效表现是指生产标准化、品种良种化、动物福利化和产品优质化。只有战略潜力和绩效表现两个方面得分都满足基本要求的奶牛场才可定级为现代奶牛场。

第二章 等级和标志

第一节 等 级

现代奶牛场定级分为4个等级,用英文大写字母S、A、B、C表示奶牛场的现代化养殖水平等级。从S到C依次表示奶牛场的现代化养殖水平从高到低,即S>A>B>C。

S级:代表按照标准对奶牛场进行评价后,符合现代奶牛场S级要求,定级结果为S级,是现代奶牛场等级的最高级。

A级:代表按照标准对奶牛场进行评价后,符合现代奶牛场A级要求,定级结果为A级,低于S级标准,高于B级。

B级:代表按照标准对奶牛场进行评价后,符合现代奶牛场B级要求,定级结果为B级,低于A级标准,高于C级。

C级:代表按照标准对奶牛场进行评价后,符合现代奶牛场C级要求,定级结果为C级,是现代奶牛场等级的最低级。

第二节 标 志

等级标志整体为圆形,中心将奶牛头部影像和地球板块有机结合,形成了黑白间色的地球仪。外环上面增加大写英文字母S、A、B、C,下面有"现代奶牛场定级"字样,如图2-1(a)~(d)分别代表S、A、B、C 4个等级。

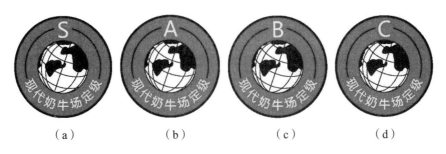

图2-1 现代奶牛场定级标识

标志边框为黑色、圆内外环以绿色为底色（C: 100%，M: 0%，Y: 100%，K: 0%），字为黑体、黄色（C: 0%，M: 0%，Y: 100%，K: 0%），内环由白色和黑色组成。

第三章 战略潜力评价要求

T/DACS 001.1—2020《现代奶业评价 奶牛场定级与评价》将奶牛场的建筑设施和管理方面必须符合国家现行的法律、法规和标准要求，作为评价的前提进行了总体要求。

总体要求：现代奶牛场的建筑、附属设施设备、经营项目和运行管理应符合国家现行的安全、消防、卫生防疫、环境保护、劳动合同等有关法律、法规和标准的规定与要求。

标准对奶牛场的战略潜力评价要求，针对现代奶牛场的布局合理化、养殖规模化、管理智能化、发展持续化4个方面进行了详细的要求。

第一节 现代奶牛场布局合理化

一、概述

奶牛场的整体布局包括选址、场区建设、场地规划等。布局的合理性会影响奶牛场的生产经营、安全、员工健康、奶牛健康、原料奶质量、原料奶销售和饲草料的供应等。

奶牛场选址需符合法律法规要求，远离医院、学校、居民生活区等，避免奶牛场生产过程中产生的粪污和气味影响周围生活区的环境。地质环境适合建造牛舍、奶厅等基础设施。有稳定、合格的水源，周边有充裕的土地开展种植，或者当地饲草料的种植情况可满足奶牛场的需求。奶牛场周围有交通干线和乳品加工厂，原料奶的运输销售方便。为了方便奶牛场排水，选址时还要考虑自然坡度，建设时应该顺着自然坡度进行布局。

奶牛场内部需配备齐全的功能区，包括生活办公区、饲草料区、生产区、粪污处理区、病牛隔离区等。生活办公区要处于上风向，和生产区要有一定的距离。粪污处理区与生产区严格分开。病牛隔离区主要包括兽医室、隔离牛舍，设在生产区外围下风地势低处，远离生产区。场区非硬化路面要进行绿化，起到遮阳、净化空气、提升场区环境的作用。饲草料区要紧挨生产区，方便取用。同时要做好防火工作、配备消防设施，减少发生火灾的隐患。

二、标准条款

T/DACS 001.1—2020《现代奶业评价　奶牛场定级与评价》中现代奶牛场布局合理化的标准条款如表3-1所示。

表3-1　现代奶牛场布局合理化标准条款

序号	要求	分值
1.1	奶牛场无有害污染源，远离学校、公共场所、主要交通道路、居民居住地等地区，便于防疫管理	10
1.2	奶牛场需封闭在独立区域内，使用砖墙、铁艺、塑钢板等材质围墙、围栏进行有效隔离	10
1.3	奶牛场包括生活办公区、饲草料区、生产区、粪污处理区、病牛隔离区等功能区，布局合理	20
1.4	奶牛场生产区、生活区分离，生产区不得有人员居住	5
1.5	有专用的淘牛通道，防止交叉污染	10
1.6	生产区净道和污道应分开	10
1.7	牛舍、运动场、道路以外地带应绿化	5
1.8	饲草料区紧靠生产区，且位于生产区下风地势较高处，同时配有消防设施，应符合GB 50039中的规定	10
1.9	泌乳牛舍靠近挤奶厅，待挤区与挤奶厅相连	10
1.10	运奶车单独通道，不与进入牛场的其他车辆发生交叉，一年四季方便进出	10

三、理解与评价

1. 奶牛养殖场选址

条款1.1　奶牛场周边无有害污染源，远离学校、公共场所、主要交通道路、居民居住地等地区，便于防疫管理

该项总分10分，奶牛场附近无有害污染源，且距离学校、公共场所、主要交通道路、居民居住地等有一定的距离，便于防疫管理。符合国家、地区法律法规的规定。不符合得0分。

污染源是指造成环境污染的污染物发生源，通常指向环境排放有害物质或对环境

产生有害影响的场所、设备、装置或人体。

奶牛场应建立在地势平坦、干燥、水质良好、水源充足、无有害污染源的地方，并且远离学校、公共场所、居民区及国家、地方法律法规规定需特殊保护的区域。奶牛场选址要避免影响医院、学校、小区、水源地等，避免因为选址不当影响当地人们的生活环境。为减少传染病风险，奶牛场要避免和畜禽屠宰场、畜禽交易场、交通主干线过近。场址选择应符合本地区农业发展总体规划、土地利用发展规划、城乡建设发展规划和环境保护规划的要求。同时要考虑当地的地形、地势、交通、通信、供电、供水、排水、防疫以及气候因素。满足奶牛场设施建设需求。

在NY/T 2662—2014《标准化养殖场 奶牛》中规定：奶牛养殖场距离生活饮用水源地、居民区、主要交通干线、畜禽屠宰加工和畜禽交易场所500m（优先考虑最新规定）以上，其他畜禽养殖场1 000m以上。

2. 场区封闭

条款1.2 奶牛场需封闭在独立区域内，使用砖墙、铁艺、塑钢板等材质围墙、围栏进行有效隔离

该项总分10分，重点对奶牛场生产区的封闭性进行评价，生产区有围墙或围栏进行封闭，能有效隔离外来车辆、人员和动物的得10分，不符合得0分。

场区封闭是指使用砖墙、铁艺、塑钢板等材质围墙、围栏对生产区进行隔离，将生产区变为一个封闭的场所。场区封闭有利于奶牛场传染病的防控，避免车辆、人员、动物随意出入场区，出入场区时需执行奶牛场消毒防疫制度。依据《中华人民共和国动物防疫法》第二十四条第二款规定："生产经营区域封闭隔离，工程设计和有关流程符合动物防疫要求"。

3. 奶牛场功能区布局

条款1.3 奶牛场包括生活办公区、饲草料区、生产区、粪污处理区、病牛隔离区等功能区，布局合理

该项总分20分，场区内分设生活办公区、饲草料区、生产区、粪污处理区、病牛隔离区等功能区得10分；生产区与生活区相对整体位置合理得5分；整体功能区中粪便污水处理设施和尸体焚烧炉与生活区和生产区的相对位置合理的得5分。结合场区布局进行现场评价。

（1）功能区划分

通过严格的划分功能区，可以保障工人的休息和工作质量。避免疾病的传播，提

高工作效率，保障正常的生产经营活动。功能区包括生活办公区、饲草饲料区、生产区、粪污处理区和病牛隔离区等。生活办公区指员工宿舍、食堂、休闲娱乐场等员工生活休息的场所；饲草料区指草料库、青贮窖等存放饲草料及草料加工的区域；生产区指牛舍、奶厅、运动场等开展奶牛饲喂、挤奶等生产活动的区域；粪污处理区指晾粪场、氧化塘等处理奶厅和牛舍粪污的区域；病牛隔离区指奶牛场对病牛开展绝对隔离治疗的区域。

（2）功能区位置

生活区、生产区、粪污处理区、无害化处理区的相对位置要合理，生活区要在生产区的上风向，粪污处理区和无害化处理区要在生产区的下风向。委托给有资质的第三方进行无害化处理的奶牛场，可不设置无害化处理区，但需要有证明文件。如果相对位置不合理就会影响生活区的环境，影响生产工作的正常开展，导致疾病的传播。布局合理要求粪污处理区与生产区严格分开。生活办公区与生产区严格分开，位于生产区的上风向，间距50m以上。无害化处理区应符合《中华人民共和国动物防疫法》第二十四条第三款规定："有与其规模相适应的污水、污物处理设施，病死动物、病害动物产品无害化处理设施设备或者冷藏冷冻设施设备，以及清洗消毒设施设备"。

4. 生产区和生活区分离

条款1.4　奶牛场生产区、生活区分离，生产区不得有人员居住

该项总分5分，生活区和生产区有效分离得2分；生产区内设有更衣室、厕所、淋浴室得2分；生产区配备洗衣机，对工人的工作帽、工作服、工作鞋（靴）定期进行清洗、消毒得1分。评价时可进行现场勘查及查阅相关记录。

（1）生活区

奶牛场生活区是奶牛场保证人员稳定性和工作质量的关键。良好的生活区环境和便利的设施设备有利于保障员工的身心健康，提升员工的工作积极性。生活办公区与生产区应严格分开，位于生产区的上风向，间距50m以上。

（2）生产区

为了避免工人进入场区时带入传染病，需要在生产区入口处设立消毒室和更衣室。为了保障工人的健康，对于工作帽、工作服、工作鞋（靴）要及时清洗消毒，保持干净，避免人畜共患病的传播。生产区应设在场区的下风位置，入口处设人员消毒室和更衣室。

5. 淘牛通道

条款1.5　有专用的淘牛通道，防止交叉污染

该项总分10分，符合得10分，不符合得0分。

淘牛通道指奶牛场将牛舍中的淘汰牛转移出奶牛场的通道，通道两侧需设立栏杆，避免奶牛逃逸。使用淘牛通道可以有效避免淘汰牛和其他牛只接触，避免疾病的相互传播。避免淘牛车辆进入场区，将疾病带入奶牛场，同时要设有保定架和装（卸）牛台等设施。

6. 净道和污道分离

条款1.6　生产区净道和污道应分开

该项总分10分，生产区运输净道和污道合理分开得5分，否则得0分；设有雨污分离设施得5分，没有得0分。

评价现代奶牛场养殖规模化要关注"两道""两沟""两坡"。

（1）两道

一是净道，是牛群周转、场内工作人员行走、场内运送饲料的专用道路和饲喂通道；二是污道，是除粪、废弃物运送出场的道路。设计原则：净道和污道应分开，互不交叉，有利于环境卫生，可以避免粪便等废弃物中细菌和病毒的扩散和传播，有利于疾病控制和预防。

（2）两沟

一是污水沟，即排粪污沟；二是雨水沟，即圈舍檐水及圈外来水的排水沟。设计原则：雨污分离，是环保的要求。雨污分离是指牛舍设立导雨槽，避免屋顶雨水进入运动场，牛舍道路、氧化塘附近设有排水沟，避免雨水淹没道路和进入氧化塘。实行雨污分离可以有效减少粪污的处理量，减少用水量，减轻奶牛场的排污压力。同时也能避免污水进入道路，影响道路的环境卫生。

（3）两坡

一是舍内头尾两端牛卧床的坡度，即纵向坡（头尾坡）；二是饲喂通道进口端、对应除粪通道高端与饲喂通道末端、对应除粪通道出口端的坡度，即横向坡。设计原则：横向和纵向要有一定坡度，利于排污、清洗、消毒，有较重要的意义。

7. 场区绿化

条款1.7　牛舍、运动场、道路以外地带应绿化

该项总分5分，牛舍、运动场、道路以外的地带有绿化措施得5分，不符合得0分。

奶牛养殖场内除房舍及硬化的地面外，其他地面都要种植树木（主要是遮阳的乔木）、牧草、花卉、蔬菜等植物，既美化环境，又可利用这些植物吸收光热，减轻热辐射，降低环境温度，阻挡异味，增加奶牛场周围居民的满意度。依据GB 16568—2006《奶牛场卫生规范》规定：牛舍、运动场、道路以外地带应绿化。

8. 饲草料区

条款1.8　饲草料区紧靠生产区，且位于生产区下风地势较高处，同时配有消防设施，应符合GB 50039中的规定

该项总分10分，饲草料区紧靠生产区，且位于生产区下风地势较高处得5分；饲草料区配备消防设施、装备（消防水源、水枪、水带、喷淋隔离带、灭火器）得5分。

为了方便饲草料的取用，提高工作效率，饲草料区应该紧靠生产区设置。因为饲草料容易着火，因此要做好消防措施。饲草饲料区紧靠生产区布置，设在生产区边沿下风地势较高处。干草区、精料区、饲料加工调制车间符合消防要求。依据GB 50039《农村防火规范》规定：应配备消防车、手抬机动泵、水枪、水带、灭火器、破拆工具等全部或部分消防装备。

9. 核心生产区

条款1.9　泌乳牛舍靠近挤奶厅，待挤区与挤奶厅相连

该项总分10分，符合得10分，不符合得0分。

挤奶厅指利用挤奶机对奶牛集中挤奶的区域，待挤区指奶牛进入挤奶位前停留等待的区域。为了减少奶牛行走的路程，提升奶牛的舒适度，减少肢蹄患病风险，泌乳牛舍应该尽可能地靠近挤奶厅，确保赶牛过程不会耗费太长的时间。待挤区要和挤奶厅相连，确保奶牛能从待挤区快速地进入挤奶位。

10. 交通便利

条款1.10　运奶车单独通道，不与进入牛场的其他车辆发生交叉，一年四季方便进出

该项总分10分，道路能保障奶车、饲料车正常通行得10分，不符合得0分。

为了保障原料奶的运输，奶牛场应建在交通便利的地区，距离乳品加工企业应保持比较近的距离。奶牛场与交通要道连接的道路需要保持通畅，确保雨雪天气能正常行走，必要时需进行硬化。奶牛养殖场需建设在交通便利的区域，内部运奶车要有单独通道，不与进入牛场的其他车辆发生交叉。

第二节 现代奶牛场养殖规模化

一、概述

现代奶牛场养殖规模化是指全群存栏在100头以上规模的奶牛场，根据奶牛的胎次和生理周期，进行自由散栏分群饲养管理；具备标准化牛舍，设有卧床及运动场，奶牛可以自由采食、饮水、躺卧或在舍内外活动；采用全混合日粮（TMR）饲喂技术，挤奶厅集中挤奶；配备青贮窖或青贮平台等，具有独立的兽医和繁育工作室、药品储存间和检测空间等。

针对现代奶牛场养殖规模化进行分类及评分，旨在引导奶牛场科学化发展。与传统养殖相比，规模化养殖具有明显的优势。一方面体现为成本优势。通过规模化养殖，单头牛养殖成本降低，相应地养殖利润得以提升，进而有益于实现规模化效益。另一方面体现为竞争优势。规模化养殖的各个环节趋于合理，养殖技术更加成熟，产品质量更有保障，更具有市场竞争力。

通过确立评价标准，对现代奶牛场养殖规模化进行评价，通过规模化奶牛场面积、存栏、消毒设施、道路硬化、标准化牛舍、卧床运动场、分群饲喂、TMR日粮、青贮窖、兽医繁育操作间、饲料及原奶检测间等各项设施的标准要求进行详细解读，为现代奶牛场养殖规模化提供评价依据。

二、标准条款

T/DACS 001.1—2020《现代奶业评价 奶牛场定级与评价》中现代奶牛场养殖规模化的标准条款如表3-2所示。

表3-2 现代奶牛场养殖规模化标准条款

序号	要求	分值
2.1	牧场占地面积≥50亩[①]	10
2.2	存栏或颈夹数≥100头（位）	5
2.3	奶牛场设有车辆消毒池，人员消毒通道，且可正常有效使用，符合GB 16568中3.2.4中的规定	10

---

① 1亩≈667m²，全书同。

（续表）

序号	要求	分值
2.4	场内通往牛舍、饲草料贮存处、饲料加工车间、化粪池等运输主、支干道全部硬化	10
2.5	具备标准化牛舍，符合NY/T中2662 6.1的规定	10
2.6	应配备与成母牛规模相适应的卧床或运动场	10
2.7	针对泌乳牛、干奶牛、育成牛、犊牛实施分群饲喂	10
2.8	统一使用TMR（4月龄以下牛外）	10
2.9	具备青贮窖或青贮平台	10
2.10	具备独立的兽医、繁育工作室和药品储存间及相应的技术人员	10
2.11	具备相对独立的原料奶和饲料检测空间，并配备相应的检测、贮存设备	5

三、理解与评价

1. 牧场面积

条款2.1　牧场占地面积≥50亩

该项总分10分，现代化奶牛场按使用功能区的要求，整体占地面积不能低于50亩，评价时通过计算奶牛场总占地面积，判断是否≥50亩，符合得10分，<50亩则得0分。经过近几年的快速发展，中国的现代奶牛场规模化已经在华北、东北、西北、南方等地区形成了不同的规划设计理念，并且随着大量奶牛养殖场的新建，这些区域化特点在不断地凸显，变得更适宜于不同地区的气候条件、地形条件与个性化需求。同时现代奶牛场的设计更加注重与奶牛场管理、奶牛福利、生产效率等结合在一起，作为一个系统工程进行统筹规划。评定现代化奶牛场占地面积对推动整个奶牛养殖业规模化的进步有至关重要的作用。

2. 奶牛场存栏

条款2.2　存栏或颈夹数≥100头（位）

该项总分5分，评价现代奶牛场养殖规模化要求存栏或颈夹数≥100头（位）。符合得5分，不符得0分。

奶牛颈夹是指可以对奶牛进行自锁控制，降低劳动强度，可以保证奶牛的采食，利于对奶牛进行常规体检、免疫、人工授精、妊娠检查、治疗、去角等系列活动的设备。

3. 规模化奶牛场消毒设施

条款2.3　奶牛场设有车辆消毒池，人员消毒通道，且可正常有效使用，符合GB 16568中3.2.4的要求

该项总分10分，奶牛场具备车辆消毒池且能够正常使用的得5分，否则不得分；人员消毒通道（配备人员手部及脚底消毒设施）且正常使用的得5分，否则不得分。

规模化奶牛场消毒是为了阻止外来病原微生物进入奶牛场，有效减少环境内病原微生物的数量，从而达到切断疫病传播途径，降低疫病的发生几率，保护牛群及员工健康的目的。依据GB 16568《奶牛场卫生规范》中第3.2.4条的要求，基础条件方面的要求如下。

（1）消毒药选择

① 人员消毒药品选择刺激性小、安全、有效的消毒药，如75%酒精、1∶200卫可溶液、0.2%新洁尔灭溶液。

② 环境消毒药选择对病原微生物杀灭作用强的消毒药，如：戊二醛、来苏尔、过氧乙酸等。

（2）消毒设备、设施

① 场区出入口处设置与门同宽，长4m、深0.3m以上的消毒池。消毒池中定期更换消毒药，对入场的车辆进行正常消毒。

② 人员消毒通道宜具备以下基础设施，但不限于：雾化消毒设备雾粒分布均匀，安装简单，雾量大，喷雾直径4～6m，雾粒直径≤50μm，耐酸碱。

手部消毒设施：消毒间配有酒精喷壶、自动感应消毒器、75%酒精棉球及免洗手杀菌液等。

脚踏消毒（池）：消毒间配置脚踏消毒设施，消毒液深度仅需没过鞋底。

4. 规模化奶牛场道路硬化

条款2.4　场内通往牛舍、饲草料贮存处、饲料加工车间、化粪池等运输主、支干道全部硬化

该项总分10分，评价现代奶牛场养殖规模化奶牛场道路硬化，要求场内通往牛舍、饲草料贮存处、饲料加工车间、化粪池等运输主、支干道必须做到硬化。全部硬化得10分，部分硬化得5分，全部未硬化得0分。

规模化奶牛场在满足饲养工艺要求时，要尽可能地美化场区环境，改善卫生条件，为奶牛创造良好的栖息、活动、饲喂和挤奶环境，使人、畜及周围社会得到和谐发展。要求场区内的道路应坚硬、平坦、无积水。牛舍、运动场、道路以外地带应绿化。

5. 标准化牛舍

条款2.5　具备标准化牛舍，符合NY/T中2662 6.1的规定

该项总分10分，重点评价牛舍的建筑规范和硬件设施配备情况，设计内容共10项，每一项逐项评定牛舍是否符合建设标准化标准，符合得1分，不符合得0分。

标准化牛舍必须符合NY/T 2662—2014《标准化养殖场　奶牛》中6.1的规定。

（1）标准化牛舍基本要求

①标准化牛舍宽度为30～32m，钢结构立柱间距6m，檐口高度≥4.5m；长度根据奶牛场用地、牛群数量选择外沿延长适当长度，避免雨水飘进牛舍。

②标准化牛舍建议采用对头4列卧床布局。对头卧床长为5～5.2m，卧床宽为1.2m；颈夹位宽为750mm（选择其他尺寸的颈夹以满足实际使用要求），可根据牛只体型调节卧床挡胸管。卧床应有2%～4%的坡度。

③采食道宽度为4～4.5m，饲喂道宽度为5～6m，副道3～3.5m。

④使用敞开式饮水槽的，饮水槽应方便清洗排水，可采用管网组织排水，降低牛舍内污水量。使用封闭式饮水器的，每20头牛至少配置2个饮水点，确定安装位置，并定期拆卸清理内部。饮水台的高度设为5～10cm，方便牛只上下，降低奶牛应激。

⑤牛舍地面设防滑槽（防滑槽浇筑一次成型）及屋顶通风开口不少于60cm。

⑥采用自由散栏饲养的牛舍建筑面积，成母牛10m²/头以上，青年牛8m²/头以上，育成牛6m²/头以上，犊牛2m²/头以上。设置产房，配置产栏，产栏面积16m²/头以上。

（2）牛舍配置防暑降温（夏）防寒保暖（冬）设施

①冬季寒冷地区牛舍两侧窗户能够封闭，其他季节可开启，可采用塑钢窗、卷帘窗或滑拉窗。南方地区根据当地气候条件设计窗户。

②北方牛舍两端通道门建议安装电动提升或自制推拉门进行封闭，根据当地冬季温度选择门是否需要保温材料制作。

③需要配备安装风扇和喷淋等可有效降温设备。风扇安装高度2.0～2.6m，且安装区域单个风扇覆盖范围内任何一头牛的位置检测风速≥3m/s。

④场区内应有足够的生产用水，水压和水温均应满足生产要求。牛舍内应具有良好的排水系统，并不得污染供水系统。

6. 卧床或运动场

条款2.6　应配备与成母牛规模相适应的卧床或运动场

该项总分10分，评价现代奶牛场养殖规模化卧床或运动场共2项，均符合得10分，不符合得0分。如为封闭式饲养模式可无运动场。

（1）卧床

现代化奶牛场应为奶牛提供卧床，用于奶牛的日常休息，应干燥舒适、铺有清洁干燥的垫料或牛床垫。日常的卫生清扫和垫料清除工作应能保证卧床的清洁干燥。应提供足够的垫料以预防牛体受到伤害。提供足够数量的卧床，为每头成母牛提供面积适宜的卧床，奶牛的最大饲养量不大于卧床数量的110%。

（2）运动场

散放式饲养的奶牛场应按照奶牛饲养密度，提供足够大的运动空间，以便所有奶牛能同时自由躺卧、反刍和站立。奶牛运动场所应便于粪便清理和垫料清除等日常卫生清扫工作，应保持运动场环境清洁卫生，避免过多尘土、粪便等的污染。每头奶牛所需要运动场面积的计算应按照该群体10%的最大个体的所需面积的平均值进行计算。每头奶牛所需要的运动场面积至少满足以下要求：泌乳牛，20～25m²/头；育成牛，15～20m²/头；犊牛，5～10m²/头。

7. 分群饲喂

条款2.7　针对泌乳牛、干奶牛、育成牛、犊牛实施分群饲喂

该项总分10分，规模化奶牛场对泌乳牛、干奶牛、育成牛、犊牛实施分群饲喂，得10分，不符合得0分。

奶牛场应根据不同生长和泌乳阶段，将牛群进行合理分群，对泌乳牛、干奶牛、育成牛、犊牛按照生长和生产需要制定相应的饲料和饲养规范。

（1）干奶牛分群管理原则

将干奶至产前21天的牛分成一个群，集中饲养，制定和使用干奶牛配方，保证干奶牛有足够的运动空间。

（2）围产牛分群管理原则

将产前21天至临产的牛只分为一个牛群，经产牛和头胎牛独立分群饲养，由专人监护，有分娩症状的牛只及时转入产房，产后及时转入新产牛舍。

（3）泌乳牛分群管理原则

泌乳期将产后天数和产奶量相近的挤奶牛放到一起，给予适宜的营养配方，转群次数越少越好。热应激期间干奶转围产建议提前7天进行，加强巡视围产牛舍。青年牛临产前两个月转群至干奶牛舍，提前7天转至围产牛舍。

8. TMR

条款2.8　统一使用TMR（4月龄以下牛群除外）

该项总分10分，对规模化奶牛场4月龄以上牛群是否饲喂TMR进行评估，符合得

10分，不符合得0分。

TMR是英文Total Mixed Rations（全混合日粮）的简称，TMR饲喂技术是一种将粗料、精料、矿物质、维生素和其他添加剂充分混合，提供足够的营养以满足奶牛需要的饲养技术。TMR加工过程中饲草料的添加顺序和添加量的准确性、搅拌时间及其颗粒度的大小等是配方得以实施的基础，是奶牛生产性能稳定提高的重要环节。

9. 青贮空间

条款2.9　具备青贮窖或青贮平台

该项总分10分，该条款评价内容共2项，对现代奶牛场养殖规模化青贮窖评估标准为地上窖得10分，地下或半地下窖得5分。

在生产中青贮空间多以青贮窖为主，建筑形式有地上式、半地上式、地下式等。半地下、地下形式防雨效果差，使用运输爬坡费力。现代规模化奶牛场的青贮窖建筑，由于贮备数量大，故提倡多采用地上建筑形式，不仅有利于排水，也有利于大型机械作业。建筑一般为长方形槽状，三面为墙体一面敞开，数个青贮窖连体，建筑结构既简单又耐用，并节省用地。

青贮窖建设位置首要是临近场区外道路，便于运输储备，从防疫角度考虑切忌运输饲料车辆穿行生产区和奶牛舍；从使用角度讲，青贮窖与干草棚、精料库紧密相连，并应靠近生产区，缩短使用运输距离；青贮窖应选择在地势较高、地下水位低、排水、渗水条件好、地面干燥、土质坚硬的地方。

青贮窖墙体以砖砌成，或使用混凝土浇筑，墙面要求平整光滑。墙体上窄下宽呈梯形，有利于青贮储备时的碾压，当青贮下沉时有利于压得更加严实。墙体不必过高，一般约2m高即可，青贮堆放时高度要求高于墙体，一般达到3.5~4.0m。

青贮窖窖口地面要高于外面地面10cm，以防止雨水向窖内倒灌；窖内从里向窖口0.5%~1.0%坡度，便于窖内挤压液体排出，同时也可防雨水倒流浸泡；青贮窖口要有收水井，通过地下管道将收集的雨水等排出场区，防止窖内液体和雨水任意排放。如青贮窖体较长，收水井可设在青贮窖中央，然后由窖口和窖内端头向中央收水井放坡，坡度为0.5%~1.0%，中央的收水井通过地下管道连通，然后集中排出。

青贮窖建筑面积，要根据全年青贮需求量和供应条件来确定。北方地区一般收获期1年1次，青贮窖设计储备量不应小于13个月，因为青贮制作后，要经过约1个月时间发酵才能使用。南方地区如有计划种植，1年可收获2季，青贮窖设计储备量应不少于8个月。储备的青贮压实后每立方米约700kg。有条件地区混合群奶牛平均每头牛年贮备量为6~7t。

10. 兽医和繁育专技人员及操作空间

条款2.10 具备独立的兽医、繁育工作室和药品储存间及相应的专业的技术人员

该项总分10分，该条款评价内容共2项，对现代奶牛场养殖规模化兽医及繁育操作间及药品保存进行评估。

现代奶牛场至少具备1名职业兽医师或乡村兽医师，有专业技术人员提供稳定的技术服务。配置相对独立的兽药室和繁育室以及生产所需要的兽医诊断、繁育配种等基本仪器设备及药品储存间。

规模化奶牛场需要配备相对独立的兽医操作间、繁育操作间等生产所需的兽医和繁育设备等。同时注意繁育需要配备液氮罐，配备适合奶牛场规格的液氮罐（建议使用10L运输罐、30L液氮和冻精储存罐），液氮罐标记（编号）完好；液氮罐底部必须铺垫橡胶垫或木板，离墙离地，防止磨损。繁育配备配种车要求：普通电动或脚蹬三轮车并用彩钢板或铁皮搭建三面封闭的适当小棚，保证操作环境不受阳光直射、风、雨等外界因素影响。该项评估奶牛场有独立的兽药室、繁育室及有资质兽医师得5分，不符合得0分。

规模化奶牛场为确保兽药安全、有效使用，减少兽药变质发生，奶牛场均设置了规范的兽药药房，配置了必要的药物存储设备。按照品种、类别、用途以及温度、湿度等储存要求，分类、分区存放；内用兽药与外用兽药分开存放，兽用处方药与非处方药分开存放；易串味兽药、危险药品等特殊兽药与其他兽药分库存放；同一企业的同一批号的产品集中存放；待验兽药、合格兽药、不合格兽药、退货兽药分区存放；定期清理变质、失效、过期药物，对于色变、性变、过期、包装不完整等兽药及时行清除，再补充必要的兽药。该项评估符合药品分类存放、标识、摆放整齐，药品储存条件符合标签标示的要求得5分，不符合得0分。

11. 饲料及原料奶检测能力

条款2.11 具备相对独立的原料奶和饲料检测空间，并配备相应的检测、贮存设备

该项总分5分，该条款评价内容共2项，对现代奶牛场养殖规模化饲料及原料奶检测间配备进行评价，奶牛场需要具备相对独立的实验室得1分。配备相应的检测设备、贮存样品的冰箱或冰柜，满足奶牛场质量控制要求，具备生鲜乳中抗生素检测能力得2分，具备饲料中的霉菌毒素等基础检测能力得2分。

规模化奶牛场需要有饲料采购和供应计划，日粮组成和配方记录，以及常用饲料常规性营养成分分析检测记录。为了获得代表性的饲草样品，保证检测结果的准确

性、提高精细化生产管理，应严格控制取样送样过程及化验室实验样品制备过程操作。采样应由具备饲料检测等相关专业基础知识且受过培训并有饲料采样经验的人员执行。

奶牛场应确保使用过药物的奶牛在休药期间所产的牛奶得到无害化处理，不得流入市场。为此，奶牛场需具备对原料奶和饲料的检测、贮存设备，如抗生素检测设备、恒温水浴锅、粉碎机、烘箱、称量设备（天平、电子天平）冰柜或冰箱等。

第三节 现代奶牛场管理智能化

一、概述

信息化、数字化已经是当今时代发展的潮流，以物联网、云计算、大数据、人工智能为主的数字化变革正在驱动各个行业的转型发展。奶业产业链数字化融合也在加速推进，欧盟、美国、以色列等世界奶业发达国家和地区基本实现了奶牛场数字化、自动化生产管理，而我国奶牛场智能化设备普及率低，自动化程度差，奶牛场运营效率低。为了推进现代奶牛场智能化进程，本章节从软件和硬件两方面明确了智能化管理要求。奶牛场管理智能化是通过利用物联网技术实现奶牛场生产过程自动化、智能化识别与管理，并运用云计算技术、大数据分析与生产管理流程相结合，对奶牛场经营数据进行自动采集、聚合、分析、预警以及可视化展示，实现奶牛场智能化管理。

二、标准条款

T/DACS 001.1—2020《现代奶业评价 奶牛场定级与评价》中现代奶牛场管理智能化的标准条款如表3-3所示。

表3-3 现代奶牛场管理智能化标准条款

序号	要求	分值
3.1	使用牧场信息化管理平台软件	25
3.2	挤奶设备具有自动计量管理和真空、脉动监测系统	15
3.3	具备精准饲喂系统，能够监控TMR制作精确度、投喂准确度、饲料使用清单	15
3.4	具备奶牛发情监测系统，配备计步器、电子耳标等智能穿戴设备	10

（续表）

序号	要求	分值
3.5	场区牛舍、待挤区、奶厅配备喷淋、风扇设备，且能够满足奶牛防暑降温需求，并可自动调节	10
3.6	具备牛号识别系统，使用自动分群门	5
3.7	挤奶设备具备自动清洗功能，CIP数据采集，能够对清洗管道和奶罐过程中的水温、pH值、压力进行监控，保证清洗程序准确进行	5
3.8	具备监控设施，至少覆盖奶牛场大门兽药室、泌乳牛舍、挤奶厅、化验室、制冷间、饲料加工车间、饲喂通道装车广场，保存期限不少于15天	10
3.9	具备环境监测系统，包括温度、湿度、氨气值、风速等物联网终端	5

三、理解与评价

标准从奶牛场智能化设备硬件和软件提出了原则性要求，内容涵盖了奶牛场挤奶、繁殖、饲喂、饲养、品质监管等方面，以提高奶牛场经营管理效率，实现降本增效。

1. 信息化管理

条款3.1 使用牧场信息化管理平台软件

牧场信息化管理平台软件作为专业的多功能牛群管理软件，应与奶牛场日常生产管理流程紧密结合，可以由电脑端与App端软件（含微信小程序）共同组成。能够辅助奶牛场进行牛只个体（群体）、奶厅、繁殖、饲养、犊牛、物资、派工单等日常智能化管理。同时，为了消除奶牛场其他系统"数据孤岛"，平台也要支持公开的数据接口，用于与挤奶机、发情监测、精准饲喂、环境监测等系统数据进行互联互通，逐步以平台作为奶牛场的主数据系统。

该项总分25分，没有安装及使用牧场信息化管理平台软件的，此项得0分。已安装使用的建议从以下5个方面进行评价，每项5分。

①平台软件要同时具备电脑端与App端两个版本。其中移动端可以为手机App软件、平板App软件、微信小程序，对于手机或平板操作系统不做要求。

②平台软件必须具备牛群结构（个体或群体）、繁殖、保健（兽医）、产奶（奶量、理化指标）、饲喂、物资（饲料、草料）管理功能。

③平台软件根据奶牛生长周期支持自动预警管理功能，至少包含奶牛繁殖、保健工作预警管理功能，同时根据预警系统支持"派工单"自动下发、跟踪完成进度

功能。

④ 系统能够自动将奶牛个体奶量、发情监测判定结果、奶厅自动清洗数据、TMR精准饲喂拌料数据、环境监测数据集成到平台软件，并能够进行数据交互，低于4项不得分。

⑤ 系统各项数据自系统使用开始应永久保存，有助于奶牛场对历年数据进行分析研究与追溯管理。

2. 挤奶设备自动计量和监测系统

条款3.2 挤奶设备具有自动计量管理和真空、脉动监测系统

该项总分15分。需要对奶厅挤奶设备从自动计量管理、真空监测、脉动监测系统3个指标进行评价，每具备一个指标功能可得5分。

自动计量管理系统是指能够将奶牛每次上挤奶厅挤奶的数量进行自动采集并保存的系统，在挤奶过程中，计量器会自动计量奶牛的产奶量，并自动将数据上传到系统进行存储分析，不需要人工参与。

真空、脉动监测系统是指具有对在用挤奶设备的集乳罐（Vm）处工作真空度、真空表误差、脉动系统（脉动频率、脉动比率、不对称性）等指标进行监测的功能。

3. 精准饲喂系统

条款3.3 具备精准饲喂系统，能够监控TMR制作精确度、投喂准确度、饲料使用清单

TMR精准饲喂系统由TMR搅拌车终端、装料车终端、无线基站、数据管理系统组成。主要是通过系统指导奶牛场在奶牛日常饲喂上实现设计配方、拌料配方、投料配方的一致性，严格控制加料误差、撒料误差、剩料率在合理的范围，保证奶牛营养均衡、提高饲喂效率、实现降本增效。其原理为：奶牛场将设计好的配方在精准饲喂系统中按投料先后顺序进行维护，系统自动根据配方及相应饲喂奶牛数量计算每种饲料的投料重量，通过基站自动下发到装料车终端设备显示器上，装料人员根据显示的重量依次进行加料搅拌，然后通过基站将加料数据上传到系统中。

该项总分15分，没有安装精准饲喂系统的，此项得0分，已安装使用的建议从以下3个方面进行使用评价，每具备一个指标功能可得5分。

① TMR搅拌车附带电子动态称重系统，可实时显示重量变化，称重传感器的最小称量值为≤2kg。

② 精准饲喂系统与TMR搅拌车终端数据能够互联互通，精准饲喂系统可以将各牛群饲喂配方（饲草料添加清单和重量）按加料顺序逐一通过基站下发到TMR或装料车

显示器上。装料人、拌料人根据提示的重量进行加料，完成的各种加料数据能够通过基站上传到精准饲喂系统中。

③建议每种原料每次加料偏差比例绝对值≤5%，且单位时间内TMR精准饲喂系统加料偏差符合率≥97%。针对投料重量小于50kg的原料推荐提前进行预混。

加料偏差比例绝对值=|（实际加料重量−配方计划重量）|/配方计划重量×100%

加料偏差符合率=加料偏差比例绝对值≤5%的原料批次总数/原料加料总批次数×100%

所有数据可以从精准饲喂系统取数计算，加料批次数取近30天数据计算。

4. 奶牛发情监测系统应用

条款3.4　具备奶牛发情监测系统，配备计步器、电子耳标等智能穿戴设备

奶牛的终生产奶量取决于奶牛的受孕胎次，为了提高奶牛的终生受孕指数，奶牛场需要实时监测奶牛发情，如果因为漏检或奶牛发情时间鉴别不准导致错过最佳配种时间将会直接影响牛场效益。奶牛发情监测系统是主要用于揭发奶牛发情行为的系统，主要由奶牛计步器（分为项圈和蹄戴式两种）、无线基站（分互联网和NB-LOT两种）、数据分析系统组成。其原理为：通过运用互联网、物联网+云计算技术，对奶牛每日的活动量、爬跨次数进行监测，并根据数据分析模型预测发情牛只，通过系统推送的方式通知奶牛场人员进行确认。

该项总分10分，没有安装发情监测系统的，此项得0分，已安装使用的建议从以下2个方面进行使用评价，每具备一个指标功能可得5分。

①成母牛产犊后2周内必须佩戴发情监测计步器，待复检定胎后可以摘取（剔除禁配牛），实际佩戴计步器的成母牛不低于需要佩戴计步器成母牛的95%。

②奶牛计步器数据能够通过基站、物联网、奶厅识别器上传到发情监测系统。奶牛场发情揭发率≥95%，揭发准确率≥93%，如牛头数较少的，数据以月度或年度统计。

发情揭发率=配种牛头数/应发情牛头数×100%

应发情牛头数=符合参配条件但尚未配种、初检未孕、复检无胎的成母牛头数和后备牛头数（14月龄及以上）

揭发准确率=确定发情牛头数/揭发牛总数×100%

5. 防暑降温系统

条款3.5　场区牛舍、待挤区、奶厅配备喷淋、风扇设备，且能够满足奶牛防暑降温需求，并可自动调节

奶牛是耐寒怕热的动物，每年夏季由于高温、高湿会对奶牛生理、健康上产生

一系列不适应的反应，俗称"热应激"，导致奶牛产奶性能明显下降，影响奶牛场收益。因此，奶牛场为了减少热应激给奶牛带来的伤害，根据全国气候差异，需要安装防暑降温设施，牛舍、待挤区、奶厅要配备风扇、喷淋、水空调等防暑降温设备，这些设备通过温度、湿度传感器自动监控温湿度，达到设置温度、湿度预警值，可自动开启喷淋、风扇，不需要人工手动开启。另外，在北方冬季较寒冷的时候，奶牛场还会给奶牛采取一些防寒保暖措施，如恒温水槽、牛舍保温墙等。

该项总分10分，根据牛舍温度可自动调节喷淋时间、风扇开启时间。如场区牛舍、待挤区、奶厅配备喷淋和风扇设备，安装温控开关及感应装置并能够正常开启，风扇风速、喷淋流量适宜。每个区域3分，共9分；冬季使用电加热水槽，温度可自动调节，控制在10～15℃。符合得1分。

建议从以下方面进行评价。

① 风扇安装。南、北方奶牛场的成母牛舍卧床、采食道风扇安装间距为6m。待挤区（集中喷淋区域），产栏9m²/台（风扇直径1.0～1.2m）。风速为采食道、挤奶台≥3m/s，卧床≥2m/s，待挤区及产栏≥3m/s。风扇覆盖率>90%。

② 喷淋安装。南方奶牛场在成母牛舍安装符合要求的喷淋系统或有集中喷淋区域。高度为距主粪道1.9～2.3m；喷淋头间距1.5～1.8m；北方奶牛场在成母牛舍安装喷淋系统。

③ 温控开关安装。成母牛舍的风扇和喷淋系统安装温控自动控制开关，温控传感器每月校准一次。

④ 饮水槽安装。按需配备电加热水槽。冬季气温在0℃以下时，2～6月龄断奶犊牛舍、青年围产牛舍、成母牛舍、产栏/产房的饮水槽配备加热设施，不能出现结冰现象。

6. 自动识别系统应用

条款3.6　具备牛号识别系统，使用自动分群门

主要安装在奶厅回牛通道位置的机械智能化设备，用于将系统提前筛选出的需要单独处理的奶牛通过分群门机械装置自动进行分群隔离到预置好的操作区域。系统主要由奶牛电子穿戴设备（电子耳标或计步器）、识别控制系统、机械构件和分群决策软件组成。其原理为：通过系统提前挑选需要操作的牛只，在奶牛挤奶结束后经过分群门时，分群门上的识别器通过识别奶牛的电子穿戴设备经过活动门的动作，将这些牛只从挤奶牛群中分离进入不同的通道或操作区域，省去了奶牛场人员到牛舍中逐个找牛的工作量，也避免了对正常牛只的影响和应激。

该项总分5分，具备牛号识别系统得3分；使用自动分群门得2分。已安装使用的建议从以下方面进行评价。

① 上厅挤奶的奶牛全部佩戴奶牛电子识别设备（电子耳标或计步器），数据以挤奶机系统上厅牛头数为准。

② 奶牛场日常使用分群门执行以下方面的操作。

繁殖：挑选发情奶牛、做同期奶牛，配种奶牛、妊检奶牛。

兽医：怀疑发病奶牛、持续治疗奶牛、需要干奶牛、需要修蹄牛。

饲养：需要转群奶牛、混群奶牛。

③ 分群准确率建议≥98%以上。

分群准确率=实际被分隔牛头数/计划被分隔牛总数×100%

7. 挤奶设备自动清洗应用

> 条款3.7 挤奶设备具备自动清洗功能，CIP数据采集，能够对清洗管道和奶罐过程中的水温、pH值、压力进行监控，保证清洗程序准确进行

该项总分5分，能够采集CIP相关数据得5分。已安装应用的从以下方面进行评价。

自动清洗系统（CIP）是安装在挤奶设备、制冷设备处的清洗控制装置，具备一键式清洗功能，启动后全程全自动清洗，自动加水、循环、排水、调节加水温度、加注清洗剂，实现清洗过程中无须人为干涉即可完成整个清洗流程。系统支持自由设定清洗模式、清洗水温、清洗步骤及时间。如：三遍清洗，水→碱→水；五遍清洗，水→碱→水→酸→水。

管道或奶罐安装温度、酸碱度、压力传感器，并能自动采集清洗过程的水温、pH值、压力值，数据能够上传到挤奶机系统或其他平台系统。

8. 监控设施应用

> 条款3.8 具备监控设施，至少覆盖牧场大门、兽药室、泌乳牛舍、挤奶厅、化验室、制冷间、饲料加工车间、饲喂通道、装车广场，保存期限不少于15天

该项总分10分，按上述要求，每有一个监控点得1分，保存期限15天以上得1分。

奶牛场在关键生产环节通过安装摄像头等安防设备对奶牛场进行可视化远程管理，并对影像数据进行储存，既满足了奶牛场对生产过程的有效追溯，又有助于奶牛场对生产经营状况进行远程化管理。视频监控系统主要由网络硬盘录像机、摄像头（球形摄像头、枪式摄像头、全景摄像头）、交换机、监视器（电脑、电视、电视墙）组成。其原理为：摄像头通过光纤或网线将视频图像传输到网络硬盘录像机，网络硬盘录像机再将视频信号分配到监视器上，同时可以将需要传输的音频信号同步存储。已安装应用的从以下方面进行评价。

① 建议安装的点位。牧场大门、兽药室、泌乳牛舍、挤奶厅、化验室、制冷间、

饲料加工车间、饲喂通道、装车广场。安装时要尽量减少管壁、灯光等干扰，并做好防水措施。

（a）兽药室。能够实现药品存放及使用情况的监控，摄像角度便于拍摄兽药检测全过程。

（b）泌乳牛舍、病牛舍。安装在牛舍通道上方。

（c）挤奶厅。转盘式挤奶机。在转盘上方安装360°全景摄像头或球机，在挤奶工操作区安装1个枪式摄像头，用于查看挤奶工作标准化操作流程。非转盘式挤奶机：要求在挤奶机中间上方安装360°全景摄像头或球机，建议安装位做好防水措施。

（d）化验室。安装在化验室操作台上方。

（e）制冷间。非奶仓制冷间：需要安装2个枪式摄像头，形成对摄，能够监控制冷罐上下罐口、装车时可查看室内操作区域。奶仓制冷间：奶仓外围至少安装1个枪式摄像头，实现对奶仓整体监控，同时保证能够监控奶仓进出口、装车时操作区域，达不到要求的，通过加装摄像头满足。

（f）饲料加工车间。安装在室内一角，能够查看到车间概况。

（g）装车广场。能够同时查看到奶车装奶时运奶罐上罐口与下出奶口情况。

②设备要求。安装使用网络视频录像机，摄像头清晰度至少支持200万像素。

③视频监控点位在线率99%以上。

9.环境监测系统

条款3.9　具备环境监测系统，包括温度、湿度、氨气值、风速等物联网终端

该项总分5分，具备环境监测系统，此项得5分。

奶牛场通过在牛舍安装使用温度、湿度、风速、氨气等传感器，实时收集牛舍环境监测数据，上传至环境监测系统中，并根据预先设置好的预警值进行环境预警管理，提升奶牛舒适度与健康水平。已安装应用的建议从以下方面进行评价。

①数据能够上传至环境监测系统得1分。

②系统支持温度、湿度、风速、氨气值监测及超标预警管理功能，每一项得1分。

第四节　现代奶牛场发展持续化

一、概述

现代化奶牛场应具有可持续发展的能力。奶牛场应通过先进的生产管理，配合完

善的财务管理、人员管理、物资管理、设备管理、环境管理等手段，提升奶牛场的各项生产指标，提升奶牛场的经济效益和生态环境效益，达到人与牛和谐发展，达到奶牛场与环境和谐共存，从而实现奶牛场良性生产和经济效益稳步增长。

现代化奶牛场的可持续发展应从奶牛场中长期发展规划和经营计划入手，制定涵盖奶牛场的财务核算体系，奶牛场的人力资源管理体系，奶牛场的粪污处理体系，奶牛场医疗垃圾及废机油等危险废弃物的处理体系，奶牛场病死畜无害化处理体系，牛群健康管理体系，消毒体系，检疫免疫体系，并配备满足劳动人员的宿舍、活动室、餐厅等生活条件。

二、标准条款

T/DACS 001.1—2020《现代奶业评价　奶牛场定级与评价》中现代奶牛场发展持续化的标准条款如表3-4所示。

表3-4　现代奶牛场发展持续化标准条款

序号	要求	分值
4.1	奶牛场应具备持续发展的内在动力和科学决策，详细制定了中长期发展规划和经营计划	8
4.2	具备现代企业的财务核算体系，能够出具完整财务报表，包括资产负债表、利润表、现金流量表	5
4.3	奶牛场征信记录和财务状况良好，并持续坚持重合同守信用	8
4.4	拥有与奶牛场发展相适宜的管理和技术团队、管理制度及流程建设	8
4.5	职工宿舍、餐厅及活动室完备	4
4.6	制定有培训制度和中长期培养计划，能够确保人、牛和谐健康发展	8
4.7	按照现代牛场可持续发展要求，配套合理的饲料种植和粪肥消纳土地	15
4.8	根据养殖规模，奶牛场能够提供环境评估报告或者环境评估登记表，排污符合GB 18596中的规定	8
4.9	奶牛场配套有完整的粪污处理工艺及设备设施，如：防渗收集区（坑、池、厂）、存储区（晾晒场或氧化塘等）、处理途径（自有或租赁土地还田、外卖、第三方处理、做垫料等）	8
4.10	现代奶牛场应有规范的医疗垃圾、病死畜无害化、废机油及其他危险废物处理设施或处理途径，并能够实现全程监督和资料的可溯源性	8
4.11	具有奶牛场标准化操作（SOP）	8
4.12	有完善的牛场生物安全计划，开展检疫、免疫以及牛群主要疫病的净化工作	12

三、理解与评价

1. 中长期发展规划和经营计划

> 条款4.1 奶牛场应具备可持续发展的内在动力和科学决策，详细制定中长期发展规划和经营计划

该项总分8分，该条款评价内容共2项，能够提供长期发展规划和经营计划（绩效考核）得4分；有科学的扩群计划得4分。

奶牛场制定中长期规划意义在于将企业发展目标更加明晰、合理地进行规划、分解、实施。中长期规划中应包括但不限于以下内容：奶牛场发展目标、牛群规模优化和调整、奶牛场投资、设备设施改造升级计划等。同时奶牛场需要制定年度经营计划，以上一年的配种、产犊计划为基础，确定第2年每月牛群产犊计划，制定牛群的周转及扩群计划、产奶计划、饲料、兽药等物质使用计划等，同时要对关键岗位人员制定绩效目标、激励机制等。

2. 财务核算体系

> 条款4.2 具备现代化企业的财务核算体系，能够出具完整财务报表，包括资产负债表、利润表、现金流量表

该项总分5分，能够提供财务管理制度得3分，各类财务凭证完备得2分。

奶牛场应建立完善符合自身现状的财务管理制度并配置相应的财务管理人员。对奶牛场每月、每年生产经营情况进行财务管理和分析，指导奶牛场业主进行合理的经济投资、硬件升级、牛群优化、成本控制和管理等。

财务管理应涵盖奶牛场的物资管理，对奶牛场的各类生产物资库房进行监督和管理，保证各种生产物资先进先出，账物相符，并至少每月进行一次库房物资和牛群的盘点工作，出具奶牛场的固定资产和生产物资资产的盘点表。

3. 征信记录

> 条款4.3 奶牛场征信记录和财务状况良好，并持续坚持重合同守信用

该项总分8分，无不良记录得8分，存在不良记录得0分。
征信记录是由中国人民银行征信中心出具的记载企业的社会信用。

4. 管理框架

> 条款4.4 拥有与奶牛场发展相适宜的管理和技术团队、管理制度及流程建设

该项总分8分，该条款项评价内容2条，主要技术人员和管理人员应具备中级或大专

以上学历，从事本行业工作3年以上，得5分；老中青搭配，职工年龄结构合理，得3分。

奶牛场生产各岗位分工明确，对工作人员的专业技能和胜任岗位能力都有严格的要求。奶牛场根据规模大小，配置不同数量的管理人员和技术人员，主要岗位及职责应包括以下几个方面。

场长：具有一定畜牧兽医专业知识和奶牛场的经营管理经验。贯彻执行行业法规、服从行业主管部门的监督管理，负责制定奶牛场主要管理制度、经营计划、岗位绩效方案，负责奶牛场内部管理和外部各种关系的协调。

兽医：属于奶牛场技术型人才。能贯彻执行奶牛场防疫消毒管理制度，巡视牛群，及时发现病牛并处理，负责奶牛场奶牛健康方面的其他相关工作，并对影响奶牛健康的问题及时排查和上报。

配种员：属于奶牛场技术型人才。能根据奶牛场制定的选种选育、繁殖计划开展工作。负责发情鉴定、人工授精、妊娠诊断，冻精、液氮的使用和保管工作。并及时更新填写各种繁育记录。

饲养员：负责奶牛饮水、饲料饲槽管理，观察奶牛饮水和采食、粪便以及精神状态，发现异常及时上报。

挤奶工：按照挤奶流程进行挤奶，负责检查、揭发奶牛乳房炎、奶厅的安全生产管理和设备使用、保养等工作，发现异常及时上报。

另奶牛场应配置机修工、粪污清理工、财务人员、化验人员、库房保管员、食堂厨师、门卫等岗位。

奶牛场制定的奶牛场管理制度应包括但不限于：财务管理制度、消毒防疫制度、物资管理制度、安全管理制度、化验室管理制度、生产管理制度。

5. 员工福利

条款4.5　职工宿舍、餐厅及活动室完备

该项总分4分，该条款项评价内容3条，具备职工宿舍得2分；具备餐厅得1分；具备活动室得1分。

奶牛场应设立职工食堂、寝室、活动室等福利条件，满足职工在奶牛场正常的生活、社交等活动需求。

6. 培训管理

条款4.6　制定有培训制度和中长期培养计划，能够确保人、牛和谐健康发展

该项总分8分，该条款项评价内容2条，为培养员工制定相应的培训和培养计划得4分，具备培训证明材料得4分。

奶牛场为提升员工的岗位工作技能，能够依据员工的技能掌握情况，制定符合奶牛场现状的员工技能提升计划，包括培训内容、培训方式、培训时长和培训效果评价等内容。并能依据奶牛场不断提升的生产水平对培训内容和培训对象做出适当的调整。

培训内容包括但不限于奶牛场各工种的标准操作流程（SOP）培训、安全生产培训、财务管理培训、物资管理培训等。培训方式一般多采用现场示范培训、课堂培训、电视培训等，并适时组织场内员工进行同岗位技能比武，自查自纠等方式验证员工的培训效果。并保存培训证明性材料，包括培训的签到表、培训课件、培训效果验证等。

7. 土地需求

条款4.7　按照现代牛场可持续发展要求，配套合理的饲料种植和粪肥消纳土地

该项总分15分，该条款项评价内容2条，对周边自有或租赁的配套耕地面积（配地）和所饲养奶牛头数进行计算，成母牛配地面积≥2亩/头，得15分；1亩/头≤配地面积<2亩/头，得10分；配地面积<1亩/头以内，得5分；无配套耕地，不得分；以产权证或土地租赁合同等见证性材料为准。

奶牛场应根据存栏奶牛数量、年产生粪肥数量，同时通过检测奶牛场周边土壤的氮、磷、钾等营养指标含量，并计算奶牛年粗饲料的消耗量，确定奶牛场应流转或租赁土地的数量，实现部分饲料的自给以及粪肥的还田。

8. 环保管理

条款4.8　根据养殖规模，奶牛场能够提供环境评估报告或者环境评估登记表，排污符合GB 18596中的规定

该项总分8分，该条款项评价内容1条，评价时要查阅相关资料手续及证明文件，文件齐全得8分。

奶牛场生产过程中，会适量产生诸如牛粪、沼液、噪音、气味等污染，奶牛场应配置相应的环保处理设备和设施对可能产生的环境污染进行有效的处理，且排污应符合GB 18596《畜禽养殖业污染物排放标准》要求，获得相关部门批准或许可，有相关资料手续及证明文件，如环评报告或环境评估建议表。

9. 粪污处理工艺和设备设施

条款4.9　奶牛场配套有完整的粪污处理工艺及设备设施，如：防渗收集区（坑、池、厂）、存储区（晾晒场或氧化塘等）、处理途径（自有或租赁土地还田、外卖、第三方处理、做垫料等）

该项总分8分，该条款项评价内容2条，有配套的防渗、处理等设施得6分；有有

机肥销售或粪肥还田记录得2分。

一头体重550kg的泌乳牛每天大约产生30kg牛粪、15kg尿液，排泄物约占体重的8%。产奶量越高，相应的采食量也越大，产生的粪便也越多。

奶牛场粪污处理主要通过应用拖拉机刮粪、吸粪车刮粪、水冲系统、漏缝地板、刮粪板等方式进行。

奶牛场广泛使用固液分离设备的方式进行牛粪的预处理，沼渣可以作为牛床垫料使用，也可以用牛粪进行有机肥制作、土地还田等。

奶牛场粪污处理设备一般包括但不限于：拖拉机、滑移装载机、粪便自吸车、铲车、刮粪板、水冲系统、粪污运输车、积粪池、氧化塘、沉淀池、干湿分离设备等。奶牛场牛粪处理工艺简要示意如图3-1所示。

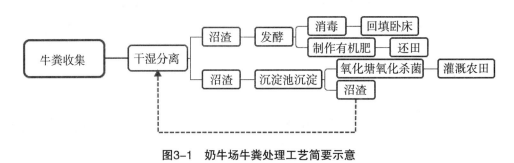

图3-1 奶牛场牛粪处理工艺简要示意

10. 医疗垃圾处理

条款4.10 现代奶牛场应有规范的医疗垃圾、病死畜无害化、废机油及其他危险废物处理设施或处理途径，并能够实现全程监督和资料的可溯源性

该项总分8分，该条款项评价内容3条。医疗垃圾处理记录可溯源得3分；无害化交接、处理记录可溯源得3分；废机油及其他危险废物处理记录可溯源得2分。以上记录需具备有时效的相关合同文件用于验证，并配有专门的存贮位置才可得分。

奶牛场生产过程中不可避免会产生医疗废弃物、废机油或其他危险废弃物，废弃物如果处置不当会造成二次污染及人员、牛只感染，奶牛场应做好上述废弃物管理，避免引起环保及防疫风险。上述废弃物均禁止与生活垃圾混放。奶牛场要在生产区域设置单独的医疗废弃物和废机油等危险废弃物的存放间，存放间应该远离生活区，且需要封闭管理，存放间要上锁，门口张贴标识。

在奶牛场规模化、集约化养殖模式发展的同时，国家对病死牛的处理、环境保护等方面提出了更高的要求。原则上奶牛场出现病死牛，尤其是不明原因死亡的牛只，要第一时间联系周边无害化处理公司，由专业公司人员将病死牛拉走进行无害化处理。

针对周边没有专业无害化处理公司的奶牛场，要自行对病死牛进行无害化处理，常见的处理方式有深埋和化尸窖。

（1）深埋

深埋点应选择地势高、干燥、处于下风向的地点；应远离奶牛场、动物屠宰场、农贸市场、生活饮用水源地；应远离城镇居民区、文化教育科研等人口集中区域、主要河流及公路、铁路等主要交通干线。

掩埋坑的容积与实际处理病死牛尸体数量相适应；掩埋坑底应高出地下水位1.5m以上；要防渗、防漏；坑底洒一层厚度2~5cm的生石灰或漂白粉等消毒液；将动物尸体及相关动物产品投入坑内，最上层距离地表1.5m以上；覆土厚度不少于1~1.2m。

掩埋后立即用氯制剂、漂白粉等消毒药品对掩埋场所进行1次彻底消毒，第1周内应每日消毒1次，第2周起应每周消毒1次，连续消毒3周以上。

掩埋覆土不要太实，以免腐败产气造成气泡冒出和液体渗漏。掩埋后要在掩埋处设置警示标识。掩埋后，第1周内应每日巡查1次，第2周起应每周巡查1次，连续巡查3个月，掩埋坑塌陷处应及时加盖覆土。

（2）化尸窖

奶牛场的化尸窖应结合本场地形特点，建在下风向。化尸窖应为砖和混凝土，或者钢筋和混凝土密封结构，应防渗防漏；顶部设置投掷口，并加盖密封加双锁。

投放前，应在化尸窖底部铺撒一定量的生石灰或漂白粉。投放后，投掷口密封加盖加锁，并对化尸窖及周边环境进行消毒；当化尸窖内牛只尸体达到容积的3/4时，应停止使用并密封。

化尸窖周围应设置围栏、设立醒目警示标志以及专业管理人员姓名和联系电话公示牌，并实行专人管理。定期去往化尸窖周边排查、维护，发现化尸窖破损、渗漏应及时处理。

当封闭化尸窖内的死牛完全分解后，应当对残留物进行消毒，清理出的残留物进行焚烧或者掩埋处理，化尸窖池进行彻底消毒后，方可重新启用。

奶牛场应与具有资质的医疗垃圾和废机油等危险废弃物处理机构签订有法律效力的合同，保证上述危险废弃物经合法合规途径处理。同时应建立医疗垃圾和废机油等危险废弃物的回收、处理和转运记录，并如实填写。

医疗垃圾简要概括如表3-5所示。

表3-5 医疗垃圾分类

类别	内容
医疗垃圾	动物血液、血清、一次性注射器、移液枪头、采血管、疫苗瓶、结核菌素瓶、废弃疫苗等
	医用针头、采血针、刀片、载玻片、玻璃药瓶等
	过期、淘汰、变质或被污染的废弃药品
	检测使用的试剂、废弃的过氧乙酸、甲醛等各类化学消毒剂
病理性废弃物	剖检后废弃的动物组织、器官等
普通废弃物	人员防护用品、酒精棉球、疫苗包装盒、注射器包装袋等

11. 标准操作规程

条款4.11 具有奶牛场标准化操作规程（SOP）

该项总分8分，该条款项评价奶牛场标准化操作规程覆盖率，奶牛场标准化操作规程覆盖所有操作环节得8分，覆盖60%及以上操作环节得6分，覆盖60%以下30%以上操作环节得3分，低于30%得0分。

SOP是奶牛场最基本的管理工具，该规程涵盖奶牛场生产各个环节的关键指标和操作方法，明确了奶牛场的生产过程，系统的建立奶牛场操作和管理体系，提高奶牛场的现代化水平及盈利能力。奶牛场应制定符合自己奶牛场实际情况的各岗位SOP要求，规范每一名员工的日常工作。标准操作规范应涵盖奶牛场内每一名员工的工作内容，注明工作关键点，并提供验证标准。

奶牛场SOP包括但不限于以下内容：保健管理SOP、产房管理SOP、犊牛管理SOP、挤奶管理SOP、设备管理SOP、饲养管理SOP、围产管理SOP、新产牛管理SOP、信息管理SOP、繁育管理SOP、防疫管理SOP等。

12. 兽医健康管理

条款4.12 有完善的牛场生物安全计划，开展检疫、免疫以及牛群主要疫病的净化工作

该项总分12分，该条款项评价内容3条，牛场定期开展了检疫和免疫工作，有详细的检免疫记录或检疫证明（有检疫报告得4分，有详细检免记录得4分）得8分；有兽医健康计划，兽药的使用符合NY/T 5030—2016《无公害农产品 兽药使用准则》，涵盖奶牛场产房、犊牛舍、病牛舍、防疫通道和保定设施等主要区域日常消毒，且有效运行，得3分；奶牛场定期开展灭蚊、灭蝇、灭鼠、后备牛驱虫等工作得1分。

牛场生物安全计划至少应包括兽药管理制度、消毒管理制度、防疫管理制度等。根据兽医主管部门的要求，牛场应定期开展检疫和免疫工作，有详细的检免疫记录或检疫证明。并获得具有法律效力的检疫报告，对于所检疫出的国家法定传染病牛只进行无害化处理。

奶牛场应根据所属地区的奶牛传染病流行病学，适时进行如口蹄疫、炭疽、梭菌等疫病免疫。布鲁氏菌病免疫需经县级以上兽医主管部门同意并备案，方可实施。根据消毒、防疫管理制度应定期开展消毒、灭蝇、灭蚊、灭鼠和驱虫等工作并适时对奶牛场环境进行消毒，涵盖奶牛场产房、犊牛舍、病牛舍、防疫通道和保定设施等主要区域的日常消毒，且有效运行。

第四章 绩效表现评价要求

T/DACS 001.1—2020《现代奶业评价 奶牛场定级与评价》将奶牛场的建筑设施和管理方面必须符合国家现行的法律、法规和标准要求，作为评价的前提进行了总体要求。

总体要求：现代奶牛场的建筑、附属设施设备、经营项目和运行管理应符合国家现行的安全、消防、卫生防疫、环境保护、劳动合同等有关法律、法规和标准的规定与要求。

标准对奶牛场的绩效表现评价要求，针对现代奶牛场的生产标准化、品种良种化、动物福利化和产品优质化4个方面进行了详细的要求。

第一节 现代奶牛场生产标准化

T/DACS 001.1—2020《现代奶业评价 奶牛场定级与评价》标准中，对生产标准化重点从挤奶流程、犊牛饲养、干奶围产、产房及产后护理、TMR制作评价、机械设备管理等6个方面进行分别评价。

一、挤奶流程

（一）概述

挤奶流程重点是针对挤奶人员的卫生健康状况、挤奶程序、生鲜乳贮存、挤奶设备维护方面进行综合评价。

挤奶流程中有3个方面需要注意。

一是为了保证好的牛奶质量，必须擦干净乳头。从擦干净的乳头挤出的牛奶，不仅细菌数较低，而且乳房炎的发病率也会较低。

二是有效地刺激奶牛乳头使其泌乳。物理性的接触奶牛乳头，可以触发奶牛分泌催产素，催产素刺激腺泡将乳汁排到乳池中。

三是要关注传染性乳房炎传播的风险，关注后药浴和奶厅环境。因为细菌是肉眼看不到的，而且无处不在的，非常容易在牛与牛之间传播，或者从奶厅大环境传播给牛。

应用正确的挤奶流程，可以很快结束挤奶，对奶牛乳头皮肤和乳头末端的损伤也是最小的。对乳头的损伤小，也就意味着乳房炎细菌侵入乳头的风险减少，乳房炎病例减少，体细胞数降低，产奶量提高，利润增加。

（二）标准条款

T/DACS 001.1—2020《现代奶业评价 奶牛场定级与评价》中现代奶牛场生产挤奶流程的标准条款如表4-1所示。

表4-1 现代奶牛场生产挤奶流程的标准条款

序号	要求	分值
5.1.1	保障挤奶员卫生安全	4
5.1.2	按合理顺序挤奶，赶牛过程观察异常牛只情况并记录	4
5.1.3	具备科学合理的挤奶流程并有效执行	4
5.1.4	贮奶冷藏设备正常运转，保障牛奶及时冷却，牛奶冷却温度控制在0～4℃	4
5.1.5	奶厅设备具备合理的日常清洗流程及维护保养计划，并有效实施	4

（三）理解与评价

1. 挤奶员安全防护

条款5.1.1 保障挤奶员卫生安全

该项总分为4分，通过4个方面进行评分，每小项各1分，符合得1分，否则得0分。

①挤奶时必须戴手套，手套及时换新不得有裂痕破损。符合要求得1分，否则得0分。

②穿防护服、戴工作帽、套袖、口罩、穿防护水靴、防水围裙。符合要求得1分，否则得0分。

③不得涂抹化妆品，禁止佩戴耳环、戒指等首饰。符合要求得1分，否则得0分。

④接触化学品人员，具备防护措施。符合要求得1分，否则得0分。

　　CIP清洗人员在清洗过程中可能接触腐蚀性酸、碱溶液，CIP清洗人员除需佩戴一次性橡胶手套、穿防护水靴外，还需穿防护服装。

　　2.挤奶顺序

　　条款5.1.2　按合理顺序挤奶，赶牛过程观察异常牛只情况并记录

　　该项总分为4分，通过3个方面进行评分。现场可查阅资料或询问挤奶员。

　　①挤奶顺序：新产牛（头胎—经产）→高产→中产→低产→病牛→乳房炎牛。符合此要求得2分，否则得0分。

　　②在奶牛侧后方"之"字形缓慢行走赶牛。符合此要求得1分，否则得0分。挤奶现场查看赶牛操作，赶牛工人需在奶牛侧后方"之"字形缓慢行走赶牛，严禁高声吆喝，严禁使用任何器具（如木棒、砖头、石块等）赶牛，严禁踢打奶牛，严禁快速驱赶。

　　③赶牛过程中发现并记录异常牛只（如跛行、弓背、损伤、精神萎靡等），有记录得1分，否则得0分。

　　赶牛过程中发现奶牛精神不好、跛行、损伤、卧地不起要及时记录耳号并报告当班组长或部门主管，以便及时采取措施（表4-2）。

表4-2　异常牛只分类

异常牛只分类	照片	描述
跛行		奶牛试图用较少患肢承重，在站立和行走时都拱起背部，抬起患肢
弓背		奶牛站立和行走时均拱起背部，一条或多条腿呈短步幅行走

（续表）

异常牛只分类	照片	描述
损伤	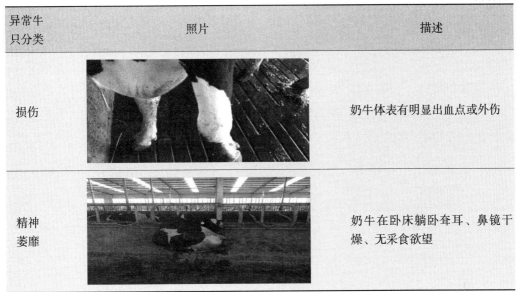	奶牛体表有明显出血点或外伤
精神萎靡		奶牛在卧床躺卧耷耳、鼻镜干燥、无采食欲望

3. 挤奶流程

条款5.1.3 具备科学合理的挤奶流程并有效执行

该项总分为4分，从2个方面进行评分。

①具备挤奶流程并依据流程执行。挤奶流程包括：前药浴→验奶→纸巾或毛巾擦拭→套杯→巡杯→脱杯→后药浴。符合此流程操作得3分，否则得0分。

用前药浴液对乳头进行药浴，药浴时间持续30s以上。挤弃前三把奶，观察是否有凝块等异常情况，如有异常停止挤奶，记录并报主管。用纸巾或毛巾对乳头进行擦拭后套杯，巡视，对于漏气、杯组脱落的及时调整或重新上杯。脱杯后使用后药浴液对乳头进行药浴，药浴覆盖整个乳头2/3以上。

②相关记录。奶牛场有挤奶相关记录，如乳房炎检测记录。符合要求得1分，否则得0分。

4. 牛奶冷却

条款5.1.4 贮奶冷藏设备正常运转，保障牛奶及时冷却，牛奶冷却温度控制在0～4℃

该项总分4分，从2个方面进行评分。

①制冷参数。挤奶后2h内降温至0～4℃，最长不能超过2h。符合此要求得2分，否则得0分。

②虫害防治。打奶管、奶罐口以及所有可能暴露在空气中的地方需要用纱布遮

蔽，防止昆虫进入。符合此要求得2分，否则得0分。

5. 奶厅清洗

条款5.1.5 奶厅设备具备合理的日常清洗流程及维护保养计划，并有效实施

该项总分4分，从2个方面进行评分。

①具备清洗流程并依据流程执行，符合标准得2分，否则得0分。以下清洗流程仅供参考，奶牛场可根据清洗液产品说明设计技术参数。

全天CIP清洗，用水标准不低于GB 5749的要求。清洗流程包括：预冲洗（温水）→碱液+水→清水（温水）→酸液+水→清水（温水）。

（a）预冲洗。温水（40～45℃）预冲洗3～5min。

（b）碱洗。热碱水温度为80～85℃，清洗液碱浓度为1.5%～2.0%，进行循环清洗8～10min。监测出水口温度为40℃以上。

（c）清水。温水（40～45℃）冲洗3～5min。

（d）酸洗。温水酸性清洗液温度为50～60℃，清洗液酸浓度为1.0%～1.5%，循环清洗8～10min。

（e）清水。温水（40～45℃）冲洗3～5min。

②具备日常维护计划并依据执行。奶牛场建立设备维保计划，维保项目、维保周期、维保人员，例如奶衬，每使用2 500头次更换一次。其他操作参考厂家的挤奶机保养手册。

二、犊牛饲养

（一）概述

犊牛出生后，离开母体环境，对于犊牛自身来讲是一个重大的生理变化，必须快速适应外部环境。在这一时期正处于生长发育最快的阶段，且各个器官发育尚不完善，犊牛饲养管理的好坏直接影响到成年后的生产性能。犊牛期是牛一生中生长发育最快的时期，也是饲养管理关键时期，如饲喂管理不当易造成犊牛发育不良，感染各种疾病而影响养殖效益。这个时期应对犊牛进行科学饲喂管理，提高犊牛营养水平，提升免疫能力，培育其强健体格，为育成牛打下良好基础。

（二）标准条款

T/DACS 001.1—2020《现代奶业评价 奶牛场定级与评价》中现代奶牛场生产标准化犊牛饲养的标准条款如表4-3所示。

表4-3 现代奶牛场生产标准化犊牛饲养标准条款

序号	要求	分值
5.2.1	初生犊牛及时清洁护理、记录信息、正确饲喂初乳	3
5.2.2	保障清洁饮水，饲喂器具卫生	3
5.2.3	犊牛舍垫料干燥舒适、通风良好，定期消毒	3
5.2.4	专人关注犊牛腹泻、肺炎情况	4
5.2.5	犊牛断奶体重及采食量达标	4
5.2.6	有无断奶过渡流程	3

（三）理解与评价

1. 初生犊牛护理

条款5.2.1 初生犊牛及时清洁护理、记录信息、正确饲喂初乳

该项总分3分，从3个方面进行评价，每项1分，符合要求得1分，否则得0分。

① 清洁护理。清理口鼻黏液确保呼吸顺畅；断脐使用10%的浓碘酊进行脐带消毒；迅速擦干犊牛。符合要求得1分，否则得0分。

新生犊牛出生后接产员第一时间清除犊牛口腔、鼻腔内的黏液，确保犊牛呼吸畅通。剪刀消毒后断脐，脐带保留7~10cm并使用10%的浓碘酊进行脐带消毒，使用干草、纸巾、毛巾迅速擦干犊牛。

② 出生信息管理。出生记录包括犊牛号、出生日期、母亲号、初生重、是否顺产、母亲胎次、接产员。符合要求得1分，否则得0分。

奶牛场犊牛出生相关记录表的类型如表4-4所示。

表4-4 接产记录

序号	耳号	出生日期	母亲号	初生重	是否顺产	母亲胎次	接产员	公犊/母犊
1								
2								
...								

③ 初乳灌服。检查初乳质量，进行巴杀或解冻，第一次初乳饲喂量按照体重的8%~10%计算，得1分。

犊牛饲养管理中初乳饲喂是犊牛饲养的关键一环，对犊牛而言，出生后尽快灌服初乳是非常重要的，如果犊牛饲喂初乳太少，会提高犊牛感染疾病或者死亡的风险。初乳灌服的流程及具体操作参考如下。

初乳灌服的目的：为了增加新生犊牛的抵抗力，尽快建立起被动免疫机制，摄取足够营养，必须对犊牛灌服数量充足、质量合格的初乳。

初乳灌服的时间：犊牛对初乳中免疫球蛋白的吸收率以出生后0～6h为最高，犊牛刚出生时的抗体吸收率最高，平均为20%，随后逐渐降低，12～24h开始肠闭合，至出生后24～36h结束，此后小肠对抗体的吸收仅仅是作为营养物质，而失去免疫功能。

初乳灌服量：按照犊牛出生体重的8%～10%一次性灌服（也有建议2～4h内两次灌服，第一次灌服4%～5%体重初乳，第二次灌服4%～5%）。

初乳灌服的温度：保证灌服犊牛时初乳的温度是38～39℃。新鲜的初乳立即饲喂犊牛时，应加温到38～39℃。冰冻初乳解冻时水浴锅的温度控制在40℃左右，避免初乳中免疫球蛋白遭受破坏。目前有些奶牛场使用初乳巴氏杀菌和初乳解冻设备，经过初乳巴氏杀菌的牛初乳细菌含量降低90%以上，而且经过巴氏杀菌后的初乳灌服犊牛免疫球蛋白合格率明显高于未经巴氏杀菌的初乳灌服的犊牛。

初乳灌服实施人员：由兽医或其他技术人员、熟练的接产技能工进行操作，减少灌服不当造成犊牛伤亡。

初乳灌服流程：首先将投喂袋（瓶）里灌好初乳，待犊牛保定后，将初乳灌服器一端插入口腔内，沿舌背面推进到咽部，继续慢慢向深部推进入食管内。犊牛未出现咳嗽或其他不安的表现说明插入正确，在颈部左侧颈静脉沟内用手可触及投喂管头位置。整个过程操作人员必须认真、细心、动作轻柔，减少应激。初乳灌服器全部插入后，提起初乳袋，快速流入犊牛的胃内。袋内初乳灌完后，缓慢抽出胃管。灌喂过程中，不能挤压灌服奶瓶，让初乳自然流入胃内。

2. 饮水

条款5.2.2　保障清洁饮水，饲喂器具卫生

该项总分为3分，通过2个方面进行评分。

①出生后第2天开始给水，冬季必须给温水（温度为15～30℃），自由饮水。

现场查看耳号所记录的出生日期与评估日期相差2天的犊牛饲喂状况，相差2天的犊牛是否满足自由饮水，冬季给温水，保证水温15～30℃。符合要求得1分，否则得0分。

②出生后第2天提供开食料，饲喂器具每次使用后清洗，每日清理料桶。现场查

看耳号所记录的出生日期与评估日期相差2天的犊牛饲喂状况，相差2天的犊牛是否提供开食料，同时保证饲喂器具清洁无污垢。符合要求得2分，否则得0分。

3. 舒适度

条款5.2.3　犊牛舍垫料干燥舒适、通风良好，定期消毒

该项总分3分，从3个方面进行评价，每项1分，符合要求得1分，否则得0分。

①垫料。保证垫料干燥、干净、松软，夏季可使用细沙、冬季使用垫草。现场查看犊牛垫料，夏季可使用细沙、冬季使用垫草，垫料需干燥、干净、松软无异物、无污物，80%以上达标视为符合。符合要求得1分，否则得0分。

②温度及空气质量。控制犊牛舍温10～22℃以内、加强通风，不应有刺鼻的氨气味，氨气浓度<5mg/L，使用犊牛岛不建议规定具体温度。现场评价使用温度仪测定犊牛舍温度，保证温度在10～22℃；测定犊牛舍氨气浓度，氨气浓度<5mg/L。符合要求得1分，否则得0分。

③消毒。至少一周使用无刺激性消毒药喷洒消毒地面；每断奶一批牛后，对犊牛舍或者饲养区域开展一次彻底清理、消毒。

所用消毒液无刺激性气味，奶牛场消毒记录需包含消毒液类型、浓度、消毒日期、执行人员。符合要求得1分，否则得0分。

4. 疾病

条款5.2.4　专人关注犊牛腹泻、肺炎情况

该项总分4分，从2个方面进行评价，每项2分，符合要求得2分，否则得0分。
①专人关注犊牛腹泻，并治疗、记录。符合要求得2分，否则得0分。
②专人关注犊牛肺炎，并治疗、记录。符合要求得2分，否则得0分。

奶牛场需提供犊牛发病、诊疗记录，记录内容包括但不限于以下内容（表4-5和表4-6）。

表4-5　犊牛发病记录

耳号	发病日期	发病类型	揭发人员

表4-6　犊牛诊疗记录

耳号	发病日期	治疗日期	发病类型	用药类型	医师

5.体重

条款5.2.5 犊牛断奶体重及采食量达标

该项总分4分，从2个方面进行评价，每项2分，符合要求得2分，否则得0分。

①断奶体重≥初生重的2倍或平均日增重800~1 000g。

奶牛场需提供犊牛断奶体重记录，记录包含断奶日期、断奶体重，评估人员根据出生记录计算对应耳号的犊牛日增重。断奶体重≥初生重的2倍或日增重800~1 000g。符合要求得2分，否则得0分。

（2）连续3天开食料采食量≥1.5kg/d。

计算奶牛场计划或执行断奶流程犊牛的开食料采食量，采食量计算公式如下：

开食料采食量=（每日饲喂量−当日剩料量）/牛头数。

计划断奶或执行断奶流程犊牛开食料采食量≥1.5kg/d。符合要求得2分，否则得0分。

6.断奶

条款5.2.6 有无断奶过渡流程

该项总分为3分，通过2个方面进行评分。

①具备断奶过渡流程。奶牛场制定断奶过渡流程，流程涵盖断奶标准和断奶过渡。符合要求得1分，否则得0分。

（a）断奶标准。达到断奶日龄，常规奶牛场60天；临近断奶日龄时连续3天采食量≥1.5kg/天以上；健康、体况发育良好，日增重达标。

（b）断奶过渡。犊牛断奶过渡期为7~10天，断奶过渡期间必须原圈饲养。

（c）饲料过渡。原圈过渡饲养期间完成开食料到精补料过渡，过渡方法为：2天（开食料：精补料=3：1）、2天（开食料：精补料=1：1）、2天（开食料：精补料=1：3）、1天（开食料：精补料=0：1），断奶过渡后开始饲喂苜蓿（优质）和燕麦草（优质），苜蓿和燕麦草分开饲喂，自由采食。

②按流程执行。现场按照奶牛场断奶流程对断奶犊牛执行情况进行评价。符合断奶流程得2分，否则得0分。

三、干奶围产

（一）概述

干奶期和围产期对于奶牛生产、繁殖具有重要的意义，干奶流程、转群、围产对牛群健康至关重要。经典的干奶天数为60d，划分为干奶前期（39d）和干奶后期（21天，即围产前期）。围产牛群是整个奶牛场的高危牛群，其营养、保健、治疗等方面的成本高，因各种代谢性疾病或障碍造成的淘汰率高，同时严重影响产后泌乳高峰奶量和高峰日。有效开展干奶流程，从源头控制乳房炎发病率，加强围产牛群的管理能够快速提升产后高峰奶量、降低产后疾病发病率。而干奶围产期又是奶牛生理转变最多的时期，在泌乳—干奶—产犊—泌乳等状态转换。能量负平衡和干物质采食量抑制会导致脂肪肝、酮病，低血钙症或亚临床低血钙症会导致胎衣不下、产褥热，免疫力或抵抗力下降为乳房炎、子宫炎埋下隐患。

（二）标准条款

T/DACS 001.1—2020《现代奶业评价　奶牛场定级与评价》中现代奶牛场生产干奶期和围产期的标准条款如表4-7所示。

表4-7　现代奶牛场生产干奶期和围产期标准条款

序号	要求	分值
5.3.1	干奶流程完善合理	5
5.3.2	干奶后观察有无漏奶及干奶期乳房炎，并及时处理和记录	5
5.3.3	围产期天数足够，集中转群	5
5.3.4	围产舍密度合理、定期清理消毒	5

（三）理解与评价

1. 干奶流程

条款5.3.1　干奶流程完善合理

该项总分为5分，通过1个方面进行评分。

干奶流程应包括：修蹄、孕检、驱虫、注射干奶药、转群等。且配有相应的奶牛场干奶流程记录表，包括以下内容：修蹄记录表、孕检记录表、驱虫记录表、干奶记录表、转群记录表等。每有一项得1分。

2. 检查

条款5.3.2　干奶后观察有无漏奶及干奶期乳房炎，并及时处理和记录

该项总分为5分，通过1个方面进行评分。

对干奶7天内的奶牛每天观察乳房，进行检查，详细记录乳房变化，包括但不限于乳房充盈度、有无漏奶、是否红肿。如出现漏奶、乳房红肿牛只，则执行二次干奶。同时每日对干奶7天内牛只进行乳头药浴。符合要求得5分，否则得0分。

3. 转围产

条款5.3.3 围产期天数足够，集中转群

该项总分为5分，通过2个方面进行评分。

① 产前（21±3）天转至围产群［青年围产牛（28±3）天］。

奶牛场每周定期执行转围产，填写转群记录，根据转群日期、预计产犊日期计算围产天数，计算公式如下：

围产天数=预计产犊日期-转围产日期。

经产牛围产天数（21±3）天、青年围产牛（28±3）天视为合格。符合要求得3分，否则得0分。

② 每周进行集中转群。奶牛场按系统预警每周定期转群，有转群记录，降低牛群应激。符合要求得2分，否则得0分。

4. 密度

条款5.3.4 围产舍密度合理、定期清理消毒

该项总分为5分，通过2个方面进行评分。

① 饲养密度。现场评价牛群密度，密度计算公式如下。

牛群密度=围产牛头数/围产舍卧床数，大通铺的按20m²/头。

围产牛群密度≤85%视为合格。符合要求得3分，否则得0分。

② 每周对围产牛舍进行一次消毒；及时清理产犊后的胎衣、胎盘、羊水等污染物。围产舍每周开展一次消毒并记录；围产舍内无产犊后的胎衣、胎盘、羊水等污染物。符合要求得2分，否则得0分。

四、产房及产后护理

（一）概述

产房是指供妊娠奶牛分娩的场所，产房管理的优劣直接影响到犊牛成活率和新产牛的健康，因此做好产房的管理对奶牛场至关重要。产房管理包括人员配备（接产员、挤奶工、清洁工、兽医等）、牛只管理（围产牛管理、新产牛管理、犊牛管理）、舒适度管理、挤奶工管理、分娩过程及监控管理等。

分娩过程使奶牛的内分泌、营养代谢、生理状态等方面都发生了巨大变化，是一种很大的生理应激，此时机体抵抗力差，产道处于开放状态，极易发生胎衣不下、子宫炎、乳房炎、酮病、产后瘫痪、真胃移位等疾病。做好新产牛护理，主动检查，能从源头上预防奶牛产后代谢病、感染性疾病等，使奶牛处于良性持续高产状态，提高繁殖性能，降低新产牛死淘率，这对充分发挥奶牛的产奶性能可起到重要作用。

（二）标准条款

《现代奶业评价 奶牛场定级与评价》（T/DACS 001.1—2020）中现代奶牛场生产产房及产后护理的标准条款如表4-8所示。

表4-8 现代奶牛场生产产房及产后护理的标准条款

序号	要求	分值
5.4.1	进行临产观察并记录	5
5.4.2	接产人员需消毒和防护	5
5.4.3	接产人员知晓产前征兆、接产工具准备、助产时机、清洗消毒流程、助产操作流程	5
5.4.4	具备产后护理流程，并做好记录	5
5.4.5	进行初乳质量评定并冷冻储存	5

（三）理解与评价

1. 临产检查流程

条款5.4.1 进行临产观察并记录

该项总分为5分，通过2个方面进行评分。

①具备临产检查流程及要求得2分，否则得0分。

②具有检查临产记录得3分，否则得0分。

临产检查流程是指观察奶牛分娩前是否出现产犊征兆（如举尾、尿频、起卧不安、漏乳等），并将有分娩症状的牛只转入产房内待产区分娩，随后每隔15～30min观察一次的产犊进展，确定是否存在异常并及时进行检查，进而决定让奶牛顺产还是采取助产措施。

2. 消毒防护

条款5.4.2 接产人员需消毒和防护

该项总分为5分，通过2个方面进行评分。

①器具、人员进行规范消毒得3分，否则得0分（表4-9）。

表4-9 器具消毒流程

器具类型	奶桶、奶瓶、奶嘴等	巴杀机/巴杀罐、奶罐、手推式挤奶机等
清洗剂种类	消毒液、洗洁精	酸、碱
清洗步骤	（a）将奶桶浸泡在温水（35～40℃）水槽中刷洗，除去奶桶上的奶汁和其他杂物，打开水槽排污阀，将水槽内废液排出 （b）加适量清水，按比例加入消毒液或洗洁精，逐一刷洗后，排出废液 （c）加入清水，逐一刷洗后，开口朝下码放备用	（a）加入适量温水（35～40℃）于水槽中，预冲洗5min。打开排污阀，将管道及罐内残留奶废液排出。 （b）加80～85℃热水，加1.5%～2%的碱。循环8～10min。打开排污阀，将管道及罐内残留废液排出 （c）加冷水，循环5min。打开排污阀，将管道及罐内残留废液排出 （d）加50～60℃温水，清洗液酸浓度为1%～1.5%，循环8～10min。打开排污阀，将管道及罐内残留废液排出 （e）加冷水，循环5min。打开排污阀，将管道及罐内残留废液排出
清洗频次	（a）定期清洗。奶桶每次饲喂后彻底清洗、消毒一次，料筒每周至少消毒一次 （b）不定期清洗。被粪、尿或其他物质污染的器具，随时揭发随时清洗	每次使用结束后清洗

②人员防护措施。现场对以下防护要点进行检查，全部符合要求得2分，否则得0分。人员防护要点如下。

（a）实施接产操作时，为避免被牛只顶撞，接产区域必须设置逃生门或逃生通道。

（b）在实施产后护理操作时，为了避免人、牛损伤，保定栏及周边必须设置防护装置。

（c）初乳巴氏杀菌、解冻设备必须有独立的电源和漏电保护器。

（d）人员进行各类操作前必须做好个人防护，包括乳胶手套、长臂手套、口罩、围裙、护目镜（或防护面罩）等，减少职业病的发生。

（e）用碘酊对犊牛实施脐带消毒操作时，要温柔、规范操作，避免牛只挣扎碰撞将碘酊飞溅到操作人员的眼睛。

（f）实施犊牛转运操作时，为了避免人、牛损伤，必须配备专门的转牛车，同时转牛过程必须温柔操作。

3. 接产准备及流程

条款5.4.3 接产人员知晓产前征兆、接产工具准备、助产时机、清洗消毒流程、助产操作流程

该项总分为5分，通过5个方面进行评分。现场问询生产人员产前征兆、接产工具准备、助产时机掌握、器具清洗消毒流程、助产操作流程知晓程度。每一个小项1分，熟悉得满分，否则得0分。

奶牛产前发生举尾、尿频、起卧不安、漏乳等行为征兆时，提示进入临产状态。

接产前准备相关药品及工具参考，如5%～7%碘酊、消毒液、石蜡、助产绳、助产器、长臂手套、照明设备（夜用）等。

助产时机：如果胎儿正常时，三件（唇及二蹄）俱全，可等候其自然出生。头胎牛分娩时间不超过2h，经产牛不超过90min，如果超出要考虑助产。

助产操作流程包括助产前检查、助产操作及助产后护理等环节。

4. 产后护理

条款5.4.4 具备产后护理流程，并做好记录

该项总分为5分，通过2个方面进行评分（表4-10）。

① 具备产后护理流程，包括产后灌服、监控检测内容。符合要求得2分，否则得0分。

② 产后护理有效执行且记录完整，符合要求得3分，否则得0分。

表4-10 产后护理流程要点

项目		内容
牛只监控	记录准备	产犊记录、护理记录 根据产犊记录，确认正常分娩牛只及高危牛只（早产胎衣不下牛、难产、双胎、死胎、产道拉伤、损伤等症状），确定需要注射保健针的牛只
	物品准备	听诊器、体温计、直检手套、笔记本、笔
	药品准备	注射药品及灌服药品等
	夹牛	对回舍后未上栅采食的牛只进行记录，并驱赶上栅，并重点关注
		对新产牛连续7天进行产后监控。体温超出正常范围进行标识。检查项包括精神状态、采食状态、乳房充盈度、粪便状态、胎衣情况
	检查	检查流程：先在牛前进行精神、采食查看，对异常牛只进行标记，然后在牛后对观察有问题的牛只做全身检查（体温、呼吸、心律、瘤胃蠕动、乳房）

（续表）

项目		内容
牛只监控	标识	胎衣不下在尻部蓝色标记RP；产后瘫在尻部蓝色标记MF；胃左方变位在尻部蓝色标记LDA；真胃右方扭转在尻部标记蓝色RDA；子宫炎在尻部标记蓝色MET；产道拉伤在尻部标记CI；无名高热在尻部标记F；产犊日期标记在左侧，疾病标识标记在右侧
异常牛只检测治疗	灌服	对新产牛中高危牛全部进行灌服营养液，产后2h内灌服。对2胎及2胎以上牛只进行补钙（如投钙棒1~2粒，每次一粒，间隔12h）
	异常牛检查	对于新产牛记录上出现异常症状（早产、难产、死胎、流产、双胎、产道拉伤、损伤等症状）的牛只根据检查情况进行注射保健针
	治疗	对检查出现的非正常牛只（精神状态、采食状态、乳房充盈度、粪便状态、胎衣情况）进行对症治疗并记录，治疗按照标准处方要求执行
	治疗时间	根据疾病情况对症治疗，夹牛操作时间不得超过1h，治疗操作完毕后立即将牛放掉

5. 初乳质量

条款5.4.5　进行初乳质量评定并冷冻储存

该项总分为5分，通过2个方面进行评分。

①初乳质量评定。免疫球蛋白含量（≥50mg/mL），微生物含量（<5万CFU/mL）。符合要求得2分，否则得0分（表4-11）。

表4-11　初乳质量检测方法

检测方法	结果
初乳比重计	绿色区域说明初乳质量优质，黄色区域说明初乳质量一般，红色区域说明初乳质量较差
初乳测定仪	测定温度21~27℃，IgG含量大于50mg/mL时质量最好；25~50mg/mL时质量合格；小于25mg/mL时质量不合格
初乳折光仪	大于22%时质量最好；20%~22%时质量合格；小于20%时质量不合格

　　将初乳封装于封口袋或专用袋内，规格4L，并在袋上标记母牛牛号、产犊时间、初乳质量，4℃冷藏时，保存时间≤7天，-20℃冷冻时，保存时间≤1年。

　　②初乳储存。包括初乳卫生、保存器具、保存条件及保存标示，每一项具体要求如表4-12所示，若各项符合要求得3分，否则得0分。

表4-12　初乳储存要求

项目	内容
初乳卫生	初乳需要进行巴氏杀菌消毒，60℃，30~60min
保存器具	将初乳储存在专用袋子或瓶子中并记录母号，封口
保存条件	4℃冷藏，可保存一周；-20℃冷冻，可保存一年
保存标示	标记采集日期，母牛编号及质量等级

五、TMR制作评价

（一）概述

TMR是根据奶牛在不同生长发育和泌乳阶段的营养需要，按营养专家设计的配方，用特制搅拌机将粗料、精料、矿物质、维生素和其他添加剂充分进行搅拌、切割、揉搓、混合和饲喂，能够提供足够的营养、保证奶牛所采食每一口饲料都具有均衡性的营养、以满足奶牛需要的饲养技术。按牛群结构分类，TMR可分为泌乳牛TMR，干奶牛TMR，围产牛TMR，青年牛TMR，育成牛TMR等。

与传统精粗分饲技术相比，使用TMR饲喂技术可提高奶牛干物质采食量，提高产奶量，提升牛奶质量，降低奶牛疾病发生率，提高奶牛繁殖性能，节约饲料成本和劳动力等优势。然而，TMR从原料供应到配方设计，再到生产加工，最后到奶牛采食、消化等经历了一个复杂的过程，影响因素众多，因此需要对影响TMR质量的关键环节进行评价。

经研究发现，如果奶牛场TMR加料偏差较大（在±5%以外），会导致奶牛场产奶量（日产奶量10t的奶牛场，日平均波动300kg）和牛奶理化指标发生巨大波动，且奶牛蹄病等营养代谢疾病高发，因此，提升TMR制作水平对保障牛群健康、稳定生产具有重要意义。

（二）标准条款

T/DACS 001.1—2020《现代奶业评价　奶牛场定级与评价》中现代奶牛场生产TMR制作评价的标准条款如表4-13所示。

表4-13　现代奶牛场生产TMR制作评价标准条款

序号	要求	分值
5.5.1	围产牛TMR切割整齐，搅拌均匀	2
5.5.2	泌乳牛TMR切割整齐，搅拌均匀	2
5.5.3	有效控制称重误差	2
5.5.4	水分控制在45%～55%的合理区间	1
5.5.5	加料顺序符合操作程序要求，添加物料应占搅拌容积的50%～85%	3

（三）理解与评价

1. 围产牛TMR

条款5.5.1　围产牛TMR切割整齐，搅拌均匀

该项总分为2分，宾州筛各层筛料重量占比一层为10%～20%，二层为40%～50%，符合得2分，不符合0分。宾州筛检测值与标准值对比，标准值可参考NY/T 3049。宾州筛各层比例计算方法如表4-14所示。

表4-14　宾州筛各层比例计算方法

筛层	样品重量（g）	各层比例（%）
第一层（孔径19mm）	a	×100%
第二层（孔径8mm）	b	×100%
第三层（孔径1.18mm/孔径4mm）	c	×100%
底层	d	×100%
样品重量	a+b+c+d	100%

2. 泌乳牛TMR

条款5.5.2　泌乳牛TMR切割整齐，搅拌均匀

该项总分为2分，宾州筛各层筛料重量占比一层为6%～8%，二层为30%～50%，符合得2分，不符合得0分。宾州筛检测值与标准值对比，标准值可参考NY/T 3049。宾州筛各层比例计算方法详见表4-14。

3. 称重误差

条款5.5.3　有效控制称重误差

该项总分为2分，称重误差如下，每有一项误差超标准扣1分。

青贮≤2%或30kg；

干草≤3%或50kg；

精料≤2%或10kg。

加料误差计算方式：

（青贮、干草、精料）加料误差率=（实际加料重量-配方计划重量）/配方计划重量×100%；

（青贮、干草、精料）加料误差重量=实际加料重量-配方计划重量。

4. TMR水分含量

条款5.5.4　水分控制在45%～55%的合理区间

该项总分为1分，除阴雨或极度干燥天气，水分控制在45%～55%，符合得1分，不符合得0分。

TMR水分含量计算方式：

TMR水分含量=（TMR鲜重-TMR绝干重量）/TMR鲜重×100%。

5. TMR搅拌容积

条款5.5.5　加料顺序符合操作程序要求，添加物料应占搅拌容积的50%～85%

该项总分为3分，通过2项进行评分。

①符合先粗后精、先干后湿、先长后短、先轻后重的原则，得2分，不符合得0分。

立式加料推荐顺序：干草、精料、干辅料、湿辅料、青贮、糖蜜、水；

卧式加料推荐顺序：精料、干草、干辅料、湿辅料、青贮、糖蜜、水。

②添加物料总体积占搅拌容积的50%～85%范围内，得1分，不符合得0分。

TMR搅拌容积计算方式：

TMR搅拌容积占用率=饲料容积/TMR搅拌车容积×100%。

六、机械设备管理

（一）概述

由于人工劳动成本的不断上升，奶牛场的机械设备种类越来越多，机械化越来越普及，在正常生产运营管理中的重要作用越来越突出。奶牛场机械设备的使用，很多都是内部员工经设备厂家简单培训就上岗操作，设备平时缺乏保养检修，这不仅给奶牛场生产过程带来损失，还会缩短机械设备的使用年限。

在奶牛场日常管理中，会出现应急事件，需要开展应急管理。应急管理是对突发事件的全过程管理，根据突发事件的预警、发生、缓解和善后4个发展阶段，应急管理可分为预测预警、识别控制、紧急处置和善后管理四个过程。应急预案是突发事件应对的原则性方案，它提供了突发事件处置的基本规则，是突发事件应急响应的操作指南。

（二）标准条款

T/DACS 001.1—2020《现代奶业评价　奶牛场定级与评价》中现代奶牛场生产机械设备管理的标准条款如表4-15所示。

表4-15　现代奶牛场生产机械设备管理的标准条款

序号	要求	分值
5.6.1	具备机械设备维修保养记录	3
5.6.2	具备应急管理预案	2

（三）理解与评价

1. 维保记录

条款5.6.1　具备机械设备维修保养记录

该项总分为3分，具备机械设备维修保养记录得3分，不具备得0分。

为了使机械设备保持完好的技术状况，提高机械设备的完好率和运行可靠性，确保设备安全、经济地运行，对机械设备进行保养与维修处理。奶牛场的机械设备包括挤奶机、装载机、TMR、拖拉机、发电机及污水处理设备等。

2. 应急管理预案

条款5.6.2　具备应急管理预案

该项总分为2分，奶牛场建立应急管理预案，如水电供应、火灾、疫病等，未建立得0分。

为了预防和减少突发事件的发生，控制、减轻和消除突发事件引起的危害，规范突发事件应对措施，保护生命财产安全而进行的突发事件预防与应急准备、监测与预警、处置和恢复等管理措施。

第二节　现代奶牛场品种良种化

一、概述

奶牛是经过高度选育以产奶为其主要经济价值的育种。奶牛品种有很多，分布最广的是荷斯坦牛，其他还有娟姗牛、瑞士褐牛、挪威红牛、爱尔夏牛等。随着社会的发展，育种和生产已经实现分离。现在普遍由专门的育种公司负责奶牛品种的选育和改良，生产具有更高生产性能的种公牛；普通的奶牛场购买优秀种公牛的冻精改良自己奶牛场的母牛。

奶牛场品种良种化是指奶牛场在选择纯种奶牛品种的基础上，根据奶牛场内奶牛的生产性能、体型外貌、系谱等情况，科学制定育种规划，通过选种选配，在避免近交的情况下，选用合适的公牛冻精，不断提升奶牛的生产、健康和繁殖性能。良种在奶牛场经济效益中的贡献占比为40%。奶牛场的良种化工作在缩短同欧美发达奶业国家单产水平差距方面发挥着重要作用。

奶牛场品种良种化要遵循的原则是"目标明确，长期坚持，公牛要高于母牛水平"。现代育种体系的指标非常丰富，包括生产指标、健康指标、繁殖指标等，奶牛场一定要关注关键指标，在达到改良目的以后，再兼顾其他性状的改良。良种化是一个长期的过程，牛群需要经过几代的改良才能达到预期的效果，因此必须长期坚持。公牛的生产水平高于母牛才能起到改良作用，因此一定要清楚自己母牛的水平，有参照性地选择公牛。

奶牛生产性能测定（DHI）可以让奶牛场管理数据化，方便奶牛场跟踪每头牛的生产水平，同时也是选择合适公牛的数据基础。奶牛生产性能测定机构还提供分析报告和相应的服务，对奶牛场提高生产和管理水平非常有帮助。

二、标准条款

T/DACS 001.1—2020《现代奶业评价　奶牛场定级与评价》中现代奶牛场品种良种化的标准条款如表4-16所示。

表4-16　现代奶牛场品种良种化标准条款

序号	要求	分值
6.1	具有完整的牛只三代系谱档案，开展品种登记，编号符合GB/T 3157中的规定	20
6.2	具有完整的繁殖记录	10
6.3	开展奶牛生产性能测定，符合NY/T 1450中的规定	10
6.4	开展体型外貌鉴定，符合GB/T 35568中的规定	10
6.5	定期开展了检疫和免疫工作	10
6.6	配备流量计和测杖等设备，并定期对相应设备进行校准	10
6.7	科学制定育种规划，持续开展选种选配，使用官方发布的公牛冻精	20
6.8	奶牛平均年单产8.5t以上	10

三、理解与评价

1. 品种登记

条款6.1　具有完整的牛只三代系谱档案，开展品种登记，编号符合GB/T 3157中的规定

该项总分20分，包括3项内容。

（1）品种登记

牛只系谱信息在中国奶牛数据中心登记备案得10分；无备案记录得0分。

（2）耳标和编号

要求全部牛只佩戴耳标或电子耳标，并进行正规编号，且准确录入数据管理系统。

全群佩戴耳机且编号符合规范得5分；佩戴耳标占比大于80%且编号符合规范得3分；佩戴耳标不低于50%且编号规范的得1分否则不得分。

国家标准GB/T 3157《中国荷斯坦牛》定义的品种登记概念是：将符合品种标准的个体识别号和血统来源等有关资料，登记在专门的登记簿中或贮存于电子计算机内特定的数据管理系统的一项育种措施，品种登记是家畜品种改良的一项基础性工作。

要求牛只编号由12位字符，分四部分组成：2位省（区、市）代码+4位牛场号+2位出生年度号+4位牛只场内序号，如图4-1所示。

①　　　　　　　　　②　　　　　　③　　　　　④

图4-1　母牛编号示意

图注①：全国各省（区、市）编号，见国标GB/T 2260。例如，北京市编号为"11"，天津市编号为"12"。

图注②：各省（区、市）牛场、小区或其他形式的奶牛养殖组织的编号，由各辖区畜牧主管部门统一编制，编号原则由各辖区情况统一制定，编号由英文字母和阿拉伯数字组成。

图注③：牛只出生年度编号，由2位数码组成，统一采用出生年度的后两位数，例如2007年出生即写成"07"。

图注④：牛只年内母犊出生顺序号由四位数码组成，用阿拉伯数字表示，不足4位数以0补齐。

示例：北京市西郊一队奶牛场，有一头荷斯坦母牛出生于2007年，在某奶牛场出生顺序是第89个，其编号如下。

北京市编号为11，该牛场在北京的编号为0001，该牛出生年度编号为07，出生顺序号为0089，即该母牛编号为110001070089。

（3）系谱档案

牛场牛只系谱档案完整，相关资料保存于电子管理系统中或有纸质档案。40%的牛只具备三代及以上系谱且完整得5分，60%的牛只具有两代系谱且完整得3分，全部牛仅具有一代系谱或不完整得1分。

GB/T 3157《中国荷斯坦牛》中规定的母牛登记条件如下：

凡符合以下条件之一者可申请登记。

A.2.1双亲为登记牛者。

A.2.2本身含荷斯坦牛血统87.5%以上者。

A.2.3在国外已是登记牛者。

2. 繁殖记录

条款6.2　具有完整的繁殖记录

该项总分10分。繁殖记录完整且上报中国奶牛数据中心，有上报记录得5分；繁殖记录完整，信息包含牛号、胎次、发情日期、配种日期、配次、与配公牛、产犊日期、产犊难易，得5分，记录信息多于4项（含）得3分，记录信息少于4项得1分。

奶牛场繁殖记录包括配种记录和产犊记录两部分，因数据量大，二者可以拆分为两个或多个文件保存。繁殖记录应每天及时记录、保存，并按月上报至中国奶牛数据中心。繁殖记录应包括但不限于牛号、胎次、发情日期、配种日期、配次、与配公牛、产犊日期、产犊难易、配种员等信息。

3.奶牛生产性能测定

条款6.3 开展奶牛生产性能测定，符合NY/T 1450规定

该项总分10分。全群成母牛持续开展奶牛生产性能测定工作，自评价年度向前推算，开展DHI测定1年的得2分，每增加1年加2分，最高10分。

国家农业行业标准NY/T 1450《中国荷斯坦牛生产性能测定技术规范》定义生产性能测定是对泌乳牛的泌乳性能及乳成分的测定。国际通常用英文Dairy Herd Improvement 3个单词的首字母DHI来代表奶牛的生产性能测定。

测定对象为产后7天到干奶期间的泌乳牛，测定间隔时间为30天左右。

4.体型外貌鉴定

条款6.4 开展体型外貌鉴定，符合GB/T 35568规定

该项总分10分。根据年度育种计划和工作安排，头胎牛开展体型外貌鉴定工作，评审人员查看体型外貌鉴定记录，1年至少进行1次外貌鉴定工作，符合标准得2分，每增加1年加2分，最高10分。

国家标准GB/T 35568《中国荷斯坦牛体型鉴定技术规程》定义体型鉴定是对奶牛体型进行数量化评定的方法。针对每个体型性状，按生物学特性的变异范围，定出性状的最大值和最小值，然后以线性的尺度进行评分。线性分以1～9的整数来表示奶牛体型性状生理表现从一个极端向另一个极端变化的程度。

体型鉴定要求母牛是头胎泌乳天数在30～180天的健康牛只。体型外貌鉴定工作一般由受过培训的体型鉴定员进行。

5.检疫和免疫

条款6.5 定期开展了检疫和免疫工作

该项总分10分。奶牛场按照防疫要求开展检疫和免疫工作，有布氏杆菌和结核病两病检疫记录的得10分，缺少任何一个得0分。

奶牛场应具备动物卫生监督部门审核合格的"动物防疫合格证"，并根据当地兽医主管部门的管理要求，每年开展春秋两季全群布氏杆菌病和结核病检疫。布氏杆菌病免疫需经县级以上兽医主管部门同意并备案，方可实施。

6.计量设备

条款6.6 配备流量计和测杖等设备，并定期对相应设备进行校准

该项总分10分。牛场配备了与牛群规模相适应的流量计、测杖（或者固定标尺）等育种设施设备，并定期进行检验校准，有完整的测定和校准记录得10分；设备完

整，但记录不全者得6分；设备不完整但现有记录完整得3分；设备不完整且无记录得0分。

流量计配合挤奶设备使用，主要功能是计量牛奶产量，因此要求其易读、易操作、易清洗、易更换。流量计应该原则上每年进行一次校准，同时防止擅自更改其设置。流量计有机械式、电子式，也有同挤奶系统合并在一起的自动计量设备。

测杖是用来测量奶牛体高、胸深等体尺的专用工具。由金属、木头或塑料制成，似棒状，可伸缩，上面标有刻度，不用时可缩短，形如手杖，故名测杖。

7. 育种规划

条款6.7　科学制定育种规划，持续开展选种选配，使用官方发布的公牛冻精

该项总分20分，包括4项内容，评分规则如下。

（1）育种规划

育种规划是奶牛场制定的综合使用各种育种措施实现育种目标的生产方案。育种目标是通过使用优秀公牛改良现有牛群，其后代女儿能达到的生产性能，具体包括产奶量、乳脂率、蛋白率、体型、繁殖指标等。奶牛场可同合作的育种公司共同制定年度育种目标，由奶牛场或育种公司制定牛群的选种选配方案。奶牛场选用的公牛应能在中国奶牛数据中心官网（网址：https://www.holstein.org.cn）查询到其遗传评估结果或系谱。

奶牛场年度育种工作计划包括明确的牛群改良方向、青年牛开配和选留原则、成母牛淘汰和选配原则、冻精（常规、性控和胚胎）使用原则、以及配套的人员和设施等要求规定，计划的目的是确保育种工作有据可依，有序开展。

奶牛场有科学的育种目标和详细的年度育种工作计划，并且严格执行，记录可查得6分；有相关育种工作计划且已执行，但是记录不全的得3分；育种计划做得很不详细，执行力度差，记录缺失严重的得1分；没有相关计划和执行记录的得0分。

（2）核心群

奶牛场结合本场实际，开展核心群建立（其中牛群规模为500～5 000头的不低于30%，牛群规模为5 000～10 000头的不低于20%，牛群规模为10 000头以上的不低于10%）和培育工作并且记录翔实可查得3分；没有相关记录得0分。

（3）选种选配

选种选配方案应包括对近交、体型鉴定、生产性能测定，健康性状、公牛遗传概要等5个基本指标进行综合分析。制定与牛场相适应的选配方案，且按方案执行，选择的公牛来源清晰可从官方网站查询到成绩得6分；有选种选配方案且按方案执行，但选

种选配方案缺少1～2个指标，同时选择的公牛可从官方网站查询到成绩得3分；选种选配方案非常简单，缺少3～4个指标的，选择的部分公牛可从官网查询到成绩的情况得1分。无选种选配方案或全部公牛不能从官网查询成绩得0分。

（4）育种团队及管理

奶牛场配备有现代奶牛场管理系统，尤其能够实现对系谱、繁殖记录、DHI记录、体型鉴定记录等育种数据的统计与梳理，且运行良好，记录翔实可靠，有稳定的繁育人员并能够对繁育工作进行技术指导，奶牛场育种专业技术队伍配比合理，长期稳定，得5分；管理系统记录有少量缺失，繁育人员变动较快，平均在业时间低于6个月的得3分；管理系统记录缺失率高，没有专门的繁育人员得1分；没有管理系统和专门繁育人员得0分。

8. 生产水平

条款6.8　奶牛平均年单产8.5t以上

该项总分10分，通过对牛场近一个月的交奶记录或牛群的生产性能记录进行计算，或用305天平均产奶量进行换算得出奶牛平均年单产，按照成母牛平均单产水平进行评分，规则如下：

①奶牛平均年单产≥8.5t，得10分；

②8t≤奶牛平均年单产<8.5t，得8分；

③7t≤奶牛平均年单产<8t，得5分；

④奶牛平均年单产<7t，得0分。

第三节　现代奶牛场动物福利化

一、概述

随着我国奶牛规模化养殖的不断推进，现代奶牛场动物福利化养殖越来越受到人们的重视。提高奶牛福利水平，对奶牛持久健康、降低疾病发生率、提高生产性能都有重要意义。

奶牛福利的施行有利于提升奶牛单产水平，提高奶牛养殖效益，更好地满足市场需求，是影响国际贸易和农产品出口的制约因素，是实现奶牛养殖可持续发展的基础。

本节围绕奶牛生活环境、生产、饲养、饮水、社交、疾病治疗、应激等各领域的管理标准进行详细解读，旨在为现代奶牛场动物福利化养殖提供评价依据。

二、标准条款

T/DACS 001.1—2020《现代奶业评价　奶牛场定级与评价》中现代奶牛场动物福利化的标准条款如表4-17所示。

表4-17　现代奶牛场动物福利化标准条款

序号	要求	分值
7.1	为奶牛提供清洁、充足的饮水，水质符合GB 5749中的规定	12
7.2	为奶牛提供适当，且优质、足量、稳定的饲料	13
7.3	满足奶牛社交需求、能够表达性	10
7.4	生活环境（温度、光照、空气质量等）适宜，休息区域及设施舒适	20
7.5	具备保障奶牛健康的管理措施，保障奶牛健康，免受疾病、伤害	30
7.6	保障奶牛无恐惧或悲伤感，降低各类应激	15

三、理解与评价

1. 奶牛场饮水

条款7.1　为奶牛提供清洁、充足的饮水，水质符合GB 5749中的规定

该项总分12分，评价每头牛的饮水占位满足18cm得3分，9~18cm得2分，小于9cm得1分。水流速度满足20L/min得3分，10~20L/min得2分，小于10L/min得1分。饮水槽每天清洗得3分，两天清洗一次得2分，很少清洗得1分。饮用水清洁（池底少量精料沉淀属于正常情况）得3分，一般（池底大量饲料残渣沉淀、且水质混浊）得2分，不符合（池底青苔、水池发臭，池底污浊或伴有牛粪）得1分。

水是构成奶牛身体和牛奶的主要成分。据测定，成年奶牛的身体含水量达到57%，牛奶的含水量达到87.5%。奶牛的新陈代谢、生长、繁殖、产奶都离不开水，泌乳阶段的奶牛，更需要大量的饮水。

①泌乳阶段的奶牛一天需要的饮水量超过80kg，受气温和产奶量（奶量的3~4倍）的影响饮水量会更高。保证每头牛的饮水空间至少18cm²（表4-18）。

表4-18 泌乳牛饮水量建议 单位：kg/d

牛奶产量（kg/d）	干物质采食量（kg/d）	平均最低气温（℃）				
		4	10	15	21	27
18	19	84	92	100	108	116
27	21	100	107	115	123	131
36	24.5	114	122	130	138	146
45	27	130	138	146	154	162

②奶牛养殖场水源稳定、取用方便，对水质进行检测，水质应符合GB 5749—2006的规定。

③水质要求洁净、无异味，每天清洗饮水槽，保证饮水干净。

④饮水槽水流速度影响奶牛饮水要求水流速度满足20L/min。

2.奶牛场饲料供给

条款7.2 为奶牛提供适当，且优质、足量、稳定的饲料

该项总分13分，有各牛群的饲料配方和投料计划，且按照配方进行制作的得2分，部分有得1分，没有得0分。发现奶牛无挑食得3分，偶尔挑食得2分，经常挑食得1分。每头牛的采食空间大于等于80cm得3分，70~80cm得2分，小于70cm得1分。有充足的饲料，未出现空槽情况得3分，不符合得0分。饲喂道清洁得2分，不符合得0分。

奶牛场根据不同品种、习性、发育阶段为奶牛提供足量、稳定、营养均衡的饲料。采用TMR饲喂技术，对各种原料按比例充分混合，避免奶牛挑食，维持瘤胃pH值稳定，防止瘤胃酸中毒。对于任何阶段的奶牛而言，干物质采食量的最大化都非常重要，满足奶牛怀孕、维持正常生理代谢的需求、增加产奶量。饲槽空间有限会加剧奶牛采食竞争，使奶牛每天采食的次数减少，每次采食的时间变长，采食量变大。

①科学设计配方，奶牛场有各牛群的饲料配方和投料计划，拌料工人认真执行，确保牛采食的、制作的和设计的是同一配方。

②奶牛饲料混合均匀，无挑食现象。

③奶牛场牛采食空间保持80cm/头。

④投料后1h，每1h推料和匀槽一次，避免出现空槽和阶段性空槽。

⑤每天清槽，保持饲槽的干净。饲槽中的剩料量控制在3%~5%，剩料的外观与组成应与开始投喂的TMR相似。

3.社交需求

条款7.3　满足奶牛社交需求、能够表达天性

该项总分10分，其中：

躺卧情况满分5分，大于90%躺卧得3分，85%~90%躺卧得2分，小于85%躺卧得1分；没有牛躺卧在过道或者交叉口得2分，不符合得0分。

牛只是否充满好奇，并且对人群的环绕没有应激表现，无应激得2分，有应激得0分。是否看到积极的行为表征，如奶牛刷毛、扭头舔臀等社交行为，多数得3分，偶尔得2分，无得1分。

奶牛行为是对环境条件或体内刺激产生反应的外表活动，奶牛饲养者通过奶牛的躺卧时间、运动量、产奶量和状态进行判断，根据奶牛的行为特点制定相应的饲养措施和管理对策（表4-19）。

表4-19　奶牛时间管理

序号	行为	理想的时间（h）
1	挤奶	2~3
2	采食/饮水	5~6
3	社交	2~3
4	卧床站立	1~2
5	躺卧	12~14

奶牛每天躺卧时间12~14h，躺卧时间越长，产奶量越大，能有效降低乳房炎和蹄病的发病率。决定奶牛躺卧时间的主要因素是卧床的舒适程度，奶牛躺卧率应达到90%。

动物生活的条件能否充分让其表达天性，是满足动物福利的必备条件。从奶牛信号学角度诠释"奶牛高兴—奶牛健康—产奶量提高—养殖户得到利润"是一个良性循环。所以奶牛高兴是前提，奶牛作为群居动物需要满足它的社交需求，需要确保奶牛生活的环境干净、舒适，不会给奶牛带来伤害，有效保障奶牛福利，奶牛才会健康、高产。依据《中华人民共和国畜牧法》第四十二条规定："畜禽养殖场应当为其饲养的畜禽提供适当的繁殖条件和生存、生长环境"。

4. 生活环境适宜

> **条款7.4　生活环境（温度、光照、空气质量等）适宜，休息区域及设施舒适**

该项总分20分，包括以下几个方面。

（1）躺卧难易

舒适的卧床可以让奶牛更好地休息，利于反刍，减少争斗，保证高产奶牛每天12~14h充分休息的需要。根据牛龄、体型设计卧床长度、高度及间距，方便进出，通常奶牛从上卧床到躺卧的时间小于1min。评价时，如果时间小于1min得3分，1~2min得2分，超过2min得1分。

（2）卧床舒适度

选用沙子和干牛粪作为垫料填充卧床，前高后低，厚度不得小于15cm，并形成2%~4%的坡度。定期进行补充和翻松，提高牛只躺卧舒适度，奶牛随意躺卧，姿势各异。评价时，具备以下4种不同自然躺卧姿势得3分，2~3种得2分，1种得1分（图4-2）。

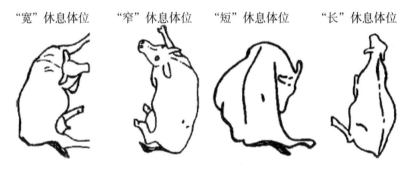

"宽"休息体位　　"窄"休息体位　　"短"休息体位　　"长"休息体位

图4-2　奶牛不同自然躺卧体位

（3）卫生状况和跗关节损伤

卧床太硬或存在尖锐的硬物时，奶牛在起卧时会过度磨损跗关节，造成跗关节肿胀和脱毛。躺卧时间长、卧床垫料添加不标准，牛会在卧床上排粪尿，导致牛体卫生差，对乳房和肢蹄的健康带来不利影响。采用威斯康星大学奶牛卫生评分系统，抽查30%牛群进行评估，<5%得3分，5%~10%得2分，>10%得1分；跗关节损伤比例<10%得3分，10%~30%得2分，>30%得1分。

（4）反刍比例

理想状态下，奶牛每天8~10h都在进行反刍。每次反刍咀嚼40~70次。奶牛一般在采食45min后开始反刍。舒适的躺卧环境对反刍有促进作用，奶牛躺卧时反刍比例不低于75%。评价时，躺卧反刍比例大于75%得3分，50%~75%得2分，小于50%得1分。

（5）光照

合理利用光照满足奶牛需要，提高奶牛的生产效率，增加奶牛场经济效益。泌乳牛推荐使用15～18h光照时间，6～9h黑暗时间，光照强度160lx才能满足奶牛的生理和生产需求，更好地提升奶牛的生产性能。该项评估时，光照16h 180～200lx得2分，无额外光源得0分。

（6）空气质量

奶牛场应保持有效的通风，舍内相对湿度低于80%，并避免高湿、冷凝水和贼风。牛舍应保持良好的空气质量，舍内可吸入粉尘和氨气浓度应符合NY/T 388《畜禽场环境质量标准》规定。评价空气质量时，从清洁、多尘、多氨、潮湿等几方面进行评估，不佳得1分，有异味但可接受得2分，良好得3分。

5.保障奶牛健康

条款7.5　具备保障奶牛健康的管理措施，保障奶牛健康，免受疾病、伤害

该项总分30分，包括以下几个方面。

（1）肢蹄健康

通过奶牛的跛行评价可以监控奶牛福利，跛行是由地面粗糙、行走通道清粪不及时、营养缺乏等多种因素造成的，通过步态评分评估跛行。奶牛场应每年对成母牛开展保健修蹄1～2次，每周开展蹄浴2次，减少蹄病发病率。可以通过以下指标评估环境管理和蹄保健工作。

①奶牛场应无严重跛行的奶牛（肢蹄评分4分、5分）。评价时，≥4%得1分，1%～3%得2分，<1%得3分。

②不正常牛蹄（如皮肤炎、蹄叶炎、蹄甲过长）比例≤1%。评价时，大于10%得1分，2%～10%得2分，≤1%得3分。

③行走区域（含挤奶区域）地面不平、粗糙、易滑、急弯。普遍较差（30%以上面积受损）得1分，一般（10～30%）得2分，良好（10%以下）得3分。

④行走区域（含挤奶区域）卫生情况。普遍较差得1分，有些污水得2分，干净得3分。

⑤牛舍中使用橡胶地面（行走区域，待挤区）。未使用不得分，使用得2分。

（2）灭虫害、鼠害计划

奶牛场制定灭蝇、灭蚊、灭鼠和驱虫计划并实施，减少蚊蝇、鼠害传播疾病，降低对牛只的骚扰，提升奶牛舒适度，减少虫害、鼠害导致的饲料浪费。该项评估时，有啮齿动物（鼠类）防护计划及执行得2分，仅有计划得1分，无得0分；有防蚊蝇的计

划并实施得2分,仅有计划得1分,无得0分。

（3）禁止动物混养

为避免动物交叉传播疫病,奶牛场禁止饲养其他动物（包括猪、狗、羊、禽类、马等）。该项评估符合得2分,不符合得0分。

（4）生物安全措施

奶牛场制定生物安全防护程序,降低感染人畜共患病风险,阻止病原微生物通过呼吸道、消化道、黏膜、破损皮肤感染人员;切断工作和生活交叉污染途径,指导员工依据工种采取不同防护措施,保障员工健康。评价时,有饲养、繁育、兽医人员的生物安全防护程序且执行得2分,仅有计划得1分,无得0分。

（5）处方管理

奶牛场有统一的兽医处方,并得到有效管理,评价时,有统一的兽医处方并保存完好得2分,不完整得1分,无得0分。

（6）病牛及濒死动物管理

奶牛场应配有经过兽医技能培训的专业人员,由兽医对受伤的牛进行检查,进行疼痛缓解治疗,提供舒适松软的饲喂环境,给予充足的饮水、饲料。如果受伤牛（病牛）卧地不起,禁止拖拉,必要时使用起重装置,过程中不给病牛带来痛苦。奶牛场建立无痛苦处死方案,受伤牛（病牛）在恢复愈后不良的情况下,必须采取早期干预措施,人道地在奶牛场上销毁该动物。评价时,对于无法移动的病牛,提供营养保障、饮水和护理得2分,仅饲喂、饮水得1分;对于濒死或不能治愈的无法移动的牛,有痛苦处死方案（安乐死等）得2分,无得0分。

（7）应急预案

奶牛场制定应急预案,有效预防、及时控制和消除突发事件（供应中断、灾害）造成的危害,保障奶牛生产安全。做好应对停电、停水、火灾、水灾的措施,配备相应的设备,做好物资储备。评价时,奶牛场有应急预案且完善得2分,部分有得1分,无得0分。

6. 应激管理

条款7.6 保障奶牛无恐惧或悲伤感,降低各类应激

该项总分15分,包括以下5个方面。

（1）赶牛应激

奶牛场员工在赶牛、挤奶、修蹄、免疫、配种等过程中要温和对待奶牛,不能暴打、怒斥奶牛,造成奶牛恐惧。该项评估符合得3分,不符合得0分。

（2）饲养空间

在竞争的环境下，牛只的采食时间要比非竞争环境下少很多，而且站立的时间更多，休息的时间更少，影响奶牛的福利。奶牛场要保证牛群的密度适中，干奶牛、新产牛密度小于85%，围产牛密度小于80%，保证至少每头牛1个采食栏位。该项评估符合得2分，不符合得0分。

（3）围产牛体况

奶牛场对围产牛制定单独TMR配方，便于更精准的营养管理。围产牛分群管理原则为：将产前21天至临产的牛只分为一个牛群，经产牛和头胎牛独立分群饲养，由专人监护。热应激期间干奶转围产建议提前7天进行，围产牛体况评分（BSC）控制标准为3.5±0.25，90%牛群达到该标准。该项评估时，达到标准的牛群大于90%得3分，50%~90%得2分，小于50%得1分。

（4）分群饲养

奶牛场在分群管理时，一般将经产牛和青年牛分开饲养，不同阶段牛的分群管理：青年牛临产前2个月转群至干奶圈，提前7天转至围产圈。干奶至产前21天的牛分成一个群，集中饲养，制定和使用干奶牛营养配方，保证干奶牛有足够的运动空间；有分娩症状的牛只及时转入产房，产后及时转入新产牛舍。

泌乳牛分群管理原则：泌乳期将产后天数和产奶量相近的挤奶牛放到一起，给予适用的营养配方，转群次数越少越好。

评估该项时，有单独的干奶群，围产群和新产区且头胎和经产分群得2分，干奶牛、围产牛分群得1分，不符合0分。围产牛分组时，固定群组得3分，换群小于1次/周得2分，不停换群得1分。

（5）培训

奶牛场应建立动物福利培训计划，提升员工的岗位工作技能和动物福利意识，定期安排管理人员参加技术交流，掌握动物福利的先进理念。评估该项时，有培训计划且经常培训得2分，偶尔培训得1分，无得0分。

第四节　现代奶牛场产品优质化

一、概述

现代奶牛场的产品是为乳品加工企业提供优质的生鲜乳。生鲜乳品质主要从乳蛋白、乳脂等理化指标，菌落总数、体细胞、农、兽残等安全指标进行评价。奶牛场通过实施奶牛福利、科学饲养、投入品质量控制、生产过程监控及生鲜乳质量监测等措施，保证掺假、农残、兽残、重金属、黄曲霉毒素无检出的前提下，在GB 19301《食品安全国家标准　生乳》基础上，重点提升乳蛋白质量标准，降低菌落总数、体细胞水平，以达到生乳产品的优质化。

本标准重点从奶牛场生产过程使用的饲料、兽药、奶厅易耗品、检测试剂等投入品的采购渠道及使用过程控制能力，对奶牛场质量管理的可追溯性进行过程性评价，同时对近一年内的安全指标控制结果，近一个月内菌落总数、体细胞控制水平及乳蛋白率水平进行结果性评价，以"过程+结果"的方式衡量奶牛场生鲜乳品质管理能力。

二、标准条款

T/DACS 001.1—2020《现代奶业评价　奶牛场定级与评价》中现代奶牛场产品优质化的标准条款如表4-20所示。

表4-20　现代奶牛场产品优质化的标准条款

序号	要求	分值
8.1	奶牛场采购正规厂家成品饲料、兽药、奶厅易耗（清洗液、消毒液、药浴液）、检测试剂等，保证质量可追溯	25
8.2	近一年内生鲜乳交售不得出现掺杂使假，按照GB 19301生鲜乳质量安全要求，控制生鲜乳中物理性、化学性和生物性风险因素	25
8.3	近一月内生鲜乳菌落总数小于10万CFU/mL的合格率≥90%	15
8.4	近一月生鲜乳蛋白率≥3.20%的合格率≥80%	15
8.5	近一月生鲜乳体细胞数≤25万个/mL的合格率≥80%	20

三、理解与评价

1. 投入品管理

条款8.1　奶牛场采购正规厂家成品饲料、兽药、奶厅易耗（清洗液、消毒液、药浴液）、检测试剂等，保证质量可追溯

该项总分25分，奶牛场对相关投入品做归档管理得5分。投入品项的归档应包括

厂家资质证件、产品合格证、检验报告等相关资料，确保投入品使用过程的可追溯性，每有1个品项不符合扣5分。

（1）正规厂家评价

是指符合《中华人民共和国公司法》要求，取得工商行政管理机关颁发的营业执照，办理符合法规要求的相应资质证件，且产品质量保障能力强，能够长期稳定供应产品的企业。

评估人员通过对奶牛场使用的成品饲料、兽药、奶厅易耗（清洗液、消毒液、药浴液）、检测试剂等投入品的生产厂家资质证件、生产许可证、标签、产品合格证、出厂检验报告等资质进行审核验证，评价是否使用正规厂家产品。

（2）质量可追溯评价

奶牛场的投入品需建立到货验收、出入库管理、存储管理、使用过程管控等相关管理要求，并严格按照管理要求开展投入品管理，确保使用过程的可追溯。针对投入品使用过程中相关记录进行评审，评价是否保证质量可追溯。

①饲料管理可追溯性评价。

（a）产品合规性验证。出厂检验报告验证依据《饲料和饲料添加剂管理条例》第十九条要求："饲料、饲料添加剂生产企业应当对生产的饲料、饲料添加剂进行产品质量检验；检验合格的，应当附具产品质量检验合格证。未经产品质量检验、检验不合格或者未附具产品质量检验合格证的，不得出厂销售"。饲料到货后奶牛场需索取生产厂家的出厂检验报告，且检验合格。

饲料或饲料添加剂标识的成分需为《饲料原料目录》和《饲料添加剂目录》中成分，目录外成分不得使用。饲料及饲料添加剂产品外包装和标签不得存在虚假宣传或夸大宣传的情况，如产品标识体现具有治疗作用等类似情况。

（b）饲料出入库评价。奶牛场需建立饲料及饲料原料到货验收记录，不合格产品不得使用。奶牛场需建立饲料及饲料添加剂出入库记录，记录填写真实准确。

（c）饲料存储评价。奶牛场需建设与库存量相匹配的库房，且成品饲料需离墙离地或做防潮处理，饲料使用需执行先进先出管理，不合格产品需分区存放。

②兽药管理可追溯性评价。

（a）产品合规性验证。利用国家兽药综合查询App扫描产品外包装或标签上的二维码，核验兽药产品是否合规。

（b）兽药存储。奶牛场需建立独立的兽药房，具备相应兽药产品的存储能力，按照产品说明书中的要求进行存储。

（c）兽药出入库。奶牛场需建立兽药出入库记录，记录填写真实准确。

（d）兽药使用过程。

泌乳牛不得使用国家明令禁止泌乳牛使用的兽药成分、人用药、过期兽药或其他非牛用兽药。

泌乳牛用药后，需进行用药标识，奶牛场建立单独的病牛隔离饲养区，针对用药病牛进行隔离饲养。

奶牛场需建立兽药使用记录，记录需明确具体用药日期、用药牛耳号、用药产品（成分）、用药剂量、用药方法等信息。

病牛治愈后，需根据所用兽药产品中标注的弃奶期要求，执行弃奶管理，弃奶期结束后，进行抗生素检测，检测合格后，方可转入正常牛舍。

③奶厅易耗品可追溯性评价。

（a）易耗品存储。奶厅易耗（清洗液、消毒液、药浴液）需依据产品说明书要求进行存储。

（b）易耗品出入库。奶牛场需建立易耗品出入库记录，记录填写真实准确。

（c）易耗品使用。奶牛场使用的清洗液、消毒液、药浴液等化学品需按产品要求进行正确配置使用，并有相应的配比记录。

④检测试剂可追溯性评价。

（a）检测试剂存储。检测试剂需依据产品说明书要求进行存储。

（b）检测试剂使用。奶牛场不得使用过期、失效检测试剂。

2. 安全指标控制要求

条款8.2　近一年内生鲜乳交售不得出现掺杂使假，按照GB 19301生鲜乳质量安全要求，控制生鲜乳中物理性、化学性和生物性风险因素

该项总分25分，奶牛场需满足以上管理要求，近1年内未出现掺假、农残、兽残、重金属、黄曲霉毒素、指标符合GB 19301要求，得25分。出现则得0分。奶牛场生鲜乳在交售过程中，需符合GB 19301《食品安全国家标准　生乳》、GB 2761《食品安全国家标准　食品中真菌毒素限量》、GB 2762《食品安全国家标准　食品中污染物限量》、GB 2763《食品安全国家标准　食品中农药最大残留限量》、GB 31650《食品安全国家标准　食品中兽药最大残留限量》及国家相关公告中有关生乳的管理要求，不得出现质量不合格情况。

（1）相关法规标准

①GB 19301《食品安全国家标准　生乳》中规定了生乳的感官、冰点、相对密度、蛋白质、脂肪、杂质度、非脂乳固体、酸度及菌落总数等项目的质量标准，生乳

需符合相应的标准要求。

②GB 2761《食品安全国家标准　食品中真菌毒素限量》中规定了真菌毒素的限量要求，即真菌在生长繁殖过程中产生的次生有毒代谢产物在生乳中允许的最大含量水平。牛奶中的真菌毒素主要来源于饲料，在饲养过程中奶牛采食被毒素污染的饲料，会通过牛体代谢进入牛奶，对原料奶的质量安全造成严重影响，该标准中制定了牛奶中黄曲霉毒素M_1的限量要求，生乳需符合相应的标准要求。

③GB 2762《食品安全国家标准　食品中污染物限量》中规定了污染物的限量要求，污染物是生产（包括农作物种植、动物饲养和兽医用药）、加工、包装、贮存、运输、销售，直至食用等过程中产生的或由环境污染带入的、非有意加入的化学性危害物质，此标准中涉及生乳的指标有铅、汞、砷、镉、亚硝酸盐5项，生乳需符合相应的标准要求。

④GB 2763《食品安全国家标准　食品中农药最大残留限量》中规定了农药残留限量要求，农药残留是指由于使用农药后在动物饲料、农产品、食品中出现的任何特定物质，包括被认为具有毒理学意义的农药衍生物，如农药转化物、代谢物、反应产物及杂质等。奶牛通过采食被农药污染的饲料、水源后，可能通过代谢进入牛奶。该标准中制定了六六六、滴滴涕等102项生乳中农残限量标准。生乳需符合相应的标准要求。

⑤GB 31650《食品安全国家标准　食品中兽药最大残留限量》及国家有关公告中规定了兽药残留限量要求。兽药残留是指食品动物用药后，动物产品的任何可食用部分中所有与药物有关的物质的残留，包括药物原形或（和）其代谢产物。牛奶中的兽药残留主要来自于奶牛疾病预防和治疗过程中所使用的药物，因不规范用药或未执行弃奶期，导致的药物残留到牛奶中。该标准中制定了青霉素、链霉素等84项种生乳兽残标准。同时农业农村部公告第250号《食品动物中禁止使用的药品及其他化合物清单》中制定了21类46种禁用药品清单。生乳需符合相应的标准要求。

⑥掺假是指禁止在生鲜乳生产、收购、贮存、运输、销售过程中添加任何物质。其中生乳中掺水可通过冰点进行判定，目前我国规定荷斯坦奶牛所产牛奶，在挤出3h后检测其冰点为-0.560～-0.500℃，即算符合标准。我国发布的"关于三聚氰胺在食品中的限量值的公告"规定生乳中三聚氰胺的限量值为2.5mg/kg，高于上述限量的食品一律不得销售。其他掺假项目以交售乳品企业检测项目及标准要求为准，生乳需符合相应的标准要求。

3. 菌落总数控制要求

条款8.3　近一月内生鲜乳菌落总数小于10万CFU/mL的合格率≥90%

该项总分15分，根据菌落总数<10万CFU/mL的合格率计算结果，其中合格

率≥90%，得15分，合格率<90%，得0分。

评估人员通过所交售乳品企业检验报告单，核查近一个月奶牛场菌落总数批次检测报告，统计菌落总数<10万CFU/mL的批次数，计算最近一个月内生鲜乳菌落总数<10万CFU/mL的合格率，计算公式如下：

$$菌落总数合格率 = \frac{菌落总数<10万CFU/mL的批次数}{抽查样本的总批次数} \times 100\%$$

菌落总数（Total Bacterial Count，TBC）是指每毫升乳中含有的细菌个数，是反映奶牛场卫生环境、挤奶操作环境、牛奶保存和运输情况的一项重要指标。菌落总数的多少在一定程度上标志着食品卫生质量的优劣。早在1986年，我国就已经开始以菌落总数对牛奶进行评估定级，其中Ⅰ级生乳菌落总数低于50万CFU/mL，欧盟生乳菌落总数为≤10万CFU/mL。为与国际接轨，体现产品优质化，我国将菌落总数评定标准定为<10万CFU/mL。

4. 乳蛋白标准要求

> 条款8.4 近一月生鲜乳蛋白率≥3.20%的合格率≥80%

该项总分15分，根据生鲜乳蛋白率≥3.20%的合格率计算结果，其中合格率≥80%，得15分；70%≤合格率<80%，得10分；合格率<70%，得0分。

评估人员通过所交售乳品企业检验报告单，核查最近一个月奶牛场生产牛奶的蛋白率，计算近一个月内生鲜乳蛋白率≥3.20%的合格率，计算方式如下：

$$乳蛋白率合格率 = \frac{乳蛋白率≥3.2\%的批次数}{抽查样本的总批次数} \times 100\%$$

乳蛋白是衡量乳质优劣的重要指标，乳蛋白作为构成乳的主要成分之一，几乎含有机体所有的必需氨基酸。它既涉及质量安全，又是奶业核心竞争力的标志。据农业农村部监测，2017年我国生鲜乳乳蛋白率抽检平均值为3.20%。

5. 体细胞控制要求

> 条款8.5 近一月生鲜乳体细胞数≤25万个/mL的合格率≥80%

该项总分20分，制定区间给分规则，即：体细胞合格率≥80%，得20分；70%≤体细胞合格率<80%，得15分；60%≤体细胞合格率<70%，得10分；体细胞合格率<60%，得5分。

评估人员通过查询所交售乳品企业检验报告单，核查近一个月奶牛场生产牛奶的体细胞数检测批次，统计体细胞≤25万个/mL的批次数，计算最近一个月内体细胞≤25万个/mL的合格率，计算公式如下：

$$体细胞数合格率 = \frac{体细胞数≤25万个/mL的批次数}{抽查样本的总批次数} \times 100\%$$

　　牛奶中体细胞是指来源于牛身体的白细胞和上皮细胞。主要包括巨噬细胞、淋巴细胞、嗜中性或多核噬中性细胞，其余为上皮细胞。牛奶细胞数是衡量牛奶质量和牛群健康的一项重要指标，当奶牛处于亚健康或疾病状况时，乳中体细胞数会升高。该指标能客观地了解牛群乳房健康状况，使管理者能在第一时间科学决策解决方案，实现牛群健康的改善，也可以通过测定生鲜乳中体细胞数来检查生鲜乳混入乳房炎乳情况，确保生鲜乳质量。

第五章　定　级

现代奶牛场定级与评价主要对其长期的战略潜力和短期的绩效表现两个维度进行综合评定，指导奶牛场对标、学习、改善，直至实现最高级别。通过对布局合理化、养殖规模化、管理智能化、发展持续化、生产标准化、品种良种化、动物福利化、产品优质化8个方面的评价，分别计算现代奶牛场战略潜力总分和现代奶牛场绩效表现总分。

第一节　必备条件

作为申请评价定级的奶牛场，必须取得相关许可和登记注册文件，在法律允许的范围内开展正常的生产经营，而且相应的证件必须在有效期内。必备条件包括以下几项。

（1）营业执照。营业执照作为工商行政管理机关发给工商企业、个体经营者的准许从事某项生产经营活动的凭证。奶牛场必须取得有效的营业执照，才能从事奶牛养殖和生鲜乳生产活动。

（2）动物防疫条件合格证。根据《中华人民共和国动物防疫法》第二十五条和《动物防疫条件审查办法》第二条要求，必须取得动物防疫条件合格证。

（3）员工健康证。根据《中华人民共和国食品安全法》《生鲜乳生产收购管理办法》《乳品质量安全监督管理条例》要求，奶牛场挤奶工和奶车司机等与生鲜乳直接接触的人员必须持有当地卫生防疫部门颁发的有效健康证明。在满足必备条件的前提下，可以开展现代奶牛场的评价工作，如未满足上述必备条件任一条款要求，则不能申请定级。

第二节 评分计算方法

一、各部分评分计算

每一部分按照本书第三章和第四章的要求进行分项打分，将奶牛场的分项评分分别合并为布局合理化、养殖规模化、管理智能化、发展持续化、生产标准化、品种良种化、动物福利化、产品优质化8个部分评分。各部分评分的计算公式如下：

$$SubSi = \sum_{j=1}^{m}(X_j)$$

式中：

$SubSi$ ——部分i评分；

m ——部分i所包含的评价项目数；

X_j ——部分i第j项评价项目的得分，j=1，2，…，m。

例：第一部分布局合理化，共计10个分项，则上式中m=10；

X_1代表第一分项得分，X_2代表第二分项得分，依此类推X_{10}代表第十分项得分；

第一部分布局合理化的总得分$SubS1=X_1+X_2+X_3+\cdots+X_{10}$

二、战略潜力和绩效表现总分计算。

1.战略潜力总分计算

奶牛场的战略潜力包括布局合理化、养殖规模化、管理智能化和发展持续化四个部分，战略潜力总分计算公式如下：

$$S(x)=\sum_{a=1}^{4}(SubSa \times Wa)$$

式中：

$S(x)$ ——战略潜力总分；

$SubSa$ ——战略潜力中部分a的评分；

Wa ——战略潜力中部分a的权重，a=1，2，…，4。

各部分评分在总分中的权重依据DACS001.1—2020《现代奶业评价 奶牛场定级与评价》T/附录C表C.1现代奶牛场战略潜力各部分的评分权重的规定（表5-1）。

表5-1 现代奶牛场战略潜力各部分的评分权重

序号	评价部分	各部分总分	权重
9.1	现代奶牛场布局合理化	100	30%
9.2	现代奶牛场养殖规模化	100	30%
9.3	现代奶牛场管理智能化	100	20%
9.4	现代奶牛场发展持续化	100	20%

例：奶牛场A布局合理化75分、养殖规模化90分、管理智能化73分、发展持续化85分，则对应公式中：

$SubS1$=75，$W1$=30%；

$SubS2$=90，$W2$=30%；

$SubS3$=73，$W3$=20%；

$SubS4$=85，$W4$=20%；

$S(x)$ =75×30%+90×30%+73×20%+85×20%。

奶牛场A的战略潜力总得分等于81分。

2. 绩效表现总分计算

奶牛场的绩效表现包括生产标准化、品种良种化、动物福利化和产品优质化四个部分，绩效表现总分计算公式如下：

$$S(y)=\sum_{a=1}^{4}(SubSb \times Wb)$$

式中：

$S(y)$ ——绩效表现总分；

$SubSb$ ——绩效表现中部分b的评分；

Wb ——绩效表现中部分b的权重，b=1，2，…，4。

各部分评分在总分中的权重依据T/DAC S001.1—2020《现代奶业评价 奶牛场定级与评价》附录C表C.2现代奶牛场绩效表现各部分的评分权重的规定（表5-2）。

表5-2 现代奶牛场绩效表现各部分的评分权重

序号	评价部分	各部分总分	权重
10.1	现代奶牛场生产标准化	100	40%
10.2	现代奶牛场品种良种化	100	20%
10.3	现代奶牛场动物福利化	100	20%
10.4	现代奶牛场产品优质化	100	20%

例：奶牛场A生产标准化95分、品种良种化82分、动物福利化86分、产品优质化90分，则对应公式中：

$SubS1$=95、$W1$=40%；

$SubS2$=82、$W2$=20%；

$SubS3$=86、$W3$=20%；

$SubS4$=90、$W4$=20%；

$S(y)$ =95×40%+82×20%+86×20%+90×20%。

奶牛场A的战略潜力总得分等于90分。

第三节　等级要求

对符合必备条件要求，战略潜力总分不低于30分且绩效表现总分不低于40分的奶牛场，按照等级要求，进行S、A、B、C 4个等级的定级。每个级别的得分要求按照T/DACS 001.1—2020《现代奶业评价　奶牛场定级与评价》附录D.1现代奶牛场评分与定级对应表（表5-3）执行。

表5-3　现代奶牛场评分与定级对应表

级别	战略潜力得分（x）	绩效表现得分（y）
S级	x≥80	y≥90
A级	40≤x<80	y≥90
	x≥80	50≤y<90
B级	30≤x<40	y≥90
	40≤x<80	50≤y<90
	x≥80	40≤y<50
C级	30≤x<40	40≤y<90
	40≤x<80	40≤y<50
无	x<30	—
	—	y<40

现代奶牛场定级坐标图是根据现代奶牛场评分与定级对应表制作的直观定级图（图5-1），其中横坐标为战略潜力得分，纵坐标为绩效表现得分。

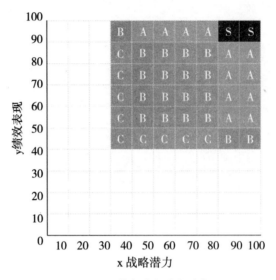

图5-1　现代奶牛场定级坐标

例：奶牛场A战略潜力总得分81，绩效表现总得分90分，则该场对应定级为S级。

附录1

T/DACS 001.1—2020

ICS 65.020.30

B 43

团　　　体　　　标　　　准

T/DACS 001.1—2020

现代奶业评价 奶牛场定级与评价

Modern dairy industry evaluation—Dairy farm grading and evaluation

2020—06—18 发布　　　　　　　　　　2020—08—01实施

中国奶业协会　发布

目　次

前　言

本标准为现代奶业评价体系系列标准的第一项标准。

本标准按照GB/T1.1—2009给出的规则起草。

本标准由中国奶业协会提出。

本标准起草单位：中国奶业协会、内蒙古伊利实业集团股份有限公司、内蒙古蒙牛乳业（集团）股份有限公司、现代牧业（集团）有限公司、石家庄君乐宝乳业有限公司、内蒙古圣牧高科牧业有限公司、黑龙江完达山乳业股份有限公司、新希望乳业股份有限公司、中地乳业集团有限公司、中垦乳业股份有限公司、南京卫岗乳业有限公司、贝因美股份有限公司、广东燕塘乳业股份有限公司、辽宁辉山乳业集团有限公司、皇氏集团股份有限公司、天津嘉立荷牧业集团有限公司、内蒙古赛科星繁育生物技术（集团）股份有限公司、北京首农畜牧发展有限公司、光明牧业有限公司、内蒙古富源国际实业（集团）有限公司、宁夏农垦贺兰山奶业有限公司、东营澳亚现代牧场有限公司、恒天然（北京）牧场管理咨询有限公司、河南省奶牛生产性能测定中心。

本标准主要起草人：刘亚清、陈绍祜、闫青霞、曹正、付松川、张福龙、贺永强、程晓飞、吴鹏华、贺文斌、田茂、王培嘉、张云峰、田雨、刘小军、郭刚、张震、韩吉雨、韩春林、王彦生、刘高飞、刘军、林永裕、张开展、邱太明、刘术明、李春锋、徐广义、李仕坚、周娟、孙伟、王赞、李卿、宁晓波、杨库、徐晓红。

引　言

现代奶业评价体系建设内容涵盖系列评价标准和管理办法。

为了规范现代奶牛场的定级和评价工作，按照《全国农业现代化规划（2016—2020年）》要求，中国奶业协会联合会员单位，建立《现代奶业评价奶牛场定级与评价》团体标准，分级评价奶牛场的养殖现代化水平。

现代奶业评价奶牛场定级与评价

1 范围

本标准规定了现代奶业评价体系中对奶牛场的评价要求、定级和评分计算方法。

本标准适用于中国规模化奶牛场。

2 规范性引用文件

下列文件对于本文件的应用是必不可少的。凡是注日期的引用文件，仅注日期的版本适用于本文件。凡是不注日期的引用文件，其最新版本（包括所有的修改单）适用于本文件。

GB 5749 生活饮用水卫生标准

GB 16568—2006 奶牛场卫生规范

GB 18596 畜禽养殖业污染物排放标准

GB 19301 食品安全国家标准　生乳

GB 50039 农村防火规范

GB/T 3157 中国荷斯坦牛

GB/T 35568 中国荷斯坦牛体型鉴定技术规程

NY/T 1450 中国荷斯坦牛生产性能测定技术规范

NY/T 2662—2014 标准化养殖场　奶牛

NY/T 3049 奶牛全混合日粮生产技术规程

3 术语和定义

下列术语和定义适用于本文件。

现代奶牛场 modern dairy farm

饲养管理符合NY/T 2662中的规定，存栏规模在100头及以上，实现现代化养殖，保障动物福利、有效控制生鲜乳质量的诚信奶牛养殖场。它以布局合理化、养殖规模化、管理智能化、发展持续化、生产标准化、品种良种化、动物福利化、产品优质化为主要特征。其中，布局合理化、养殖规模化、管理智能化、发展持续化统称为奶牛场的战略潜力，生产标准化、品种良种化、动物福利化、产品优质化统称为奶牛场的绩效表现。

4 等级和标志

4.1 等级

用英文大写字母S、A、B、C表示奶牛场的现代化养殖水平等级。从S到C依次表示奶牛场的现代化养殖水平从高到低。

4.2 标志

标志整体为圆形，中心将奶牛头部影像和地球板块有机结合，形成了黑白间色的地球仪。外环上面增加大写英文字母S、A、B、C，下面有"现代奶牛场定级"字样，图1-4分别代表S、A、B、C 4个等级。

标志边框为黑色、圆内外环以绿色为底色（C: 100%，M: 0%，Y: 100%，K: 0%），字为黑体、黄色（C: 0%，M: 0%，Y: 100%，K: 0%），内环由白色和黑色组成。

根据使用位置不同，标志可整体等比例放大或缩小。

| 图1 | 图2 | 图3 | 图4 |

5 评价要求

5.1 总体要求

现代奶牛场的建筑、附属设施设备、经营项目和运行管理应符合国家现行的安全、消防、卫生防疫、环境保护、劳动合同等有关法律、法规和标准的规定与要求。

5.2 战略潜力要求

现代奶牛场布局合理化应符合附录A表A.1的规定。

现代奶牛场养殖规模化应符合附录A表A.2的规定。

现代奶牛场管理智能化应符合附录A表A.3的规定。

现代奶牛场发展持续化应符合附录A表A.4的规定。

5.3 绩效表现要求

现代奶牛场生产标准化应符合附录B表B.1的规定。

现代奶牛场品种良种化应符合附录B表B.2的规定。

现代奶牛场动物福利化应符合附录B表B.3的规定。

现代奶牛场产品优质化应符合附录B表B.4的规定。

6 定级

6.1 必备条件

奶牛场应取得相关许可和登记注册文件，且保证在有效期内运行。包括：

（1）营业执照；

（2）动物防疫条件合格证；

（3）员工健康证。

6.2 等级要求

现代奶牛场的战略潜力总分100，要求应符合附录A的规定。

现代奶牛场的绩效表现总分100，要求应符合附录B的规定。

S、A、B、C由高到低四个级别，通过战略潜力与绩效表现两个维度对牧场进行综合评定，其中战略潜力得分为横坐标，绩效表现得分为纵坐标（图5），定级应符合附录D表D.1的规定。

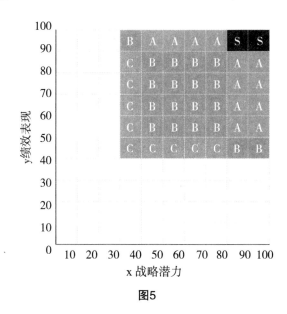

图5

7 评分计算方法

7.1 各部分评分计算

将奶牛场的各项评分分别合并为布局合理化、养殖规模化、管理智能化、发展持续化、生产标准化、品种良种化、动物福利化、产品优质化8个部分评分。各部分评分的计算公式如下：

$$SubSi = \sum_{j=1}^{m}(X_j)$$

式中：

$SubSi$ ——部分i评分；

m ——部分i所包含的评价项目数；

X_j ——部分i第j项评价项目的得分，j=1，2，…，m。

7.2 战略潜力和绩效表现总分计算

7.2.1 战略潜力总分计算

战略潜力各部分评分在总分中的权重应符合附录C表C.1的规定。

战略潜力总分计算公式如下：

$$S(x)=\sum_{a=1}^{4}(SubSa \times Wa)$$

式中：

$S(x)$ ——战略潜力总分；

$SubSa$ ——战略潜力中部分a的评分；

Wa ——战略潜力中部分a的权重，a=1，2，…，4。

7.2.2 绩效表现总分计算

绩效表现各部分评分在总分中的权重应符合附录C表C.2的规定。

绩效表现总分计算公式如下：

$$S(y)=\sum_{a=1}^{4}(SubSb \times Wb)$$

式中：

$S(y)$ ——绩效表现总分；

$SubSb$ ——绩效表现中部分b的评分；

Wb ——绩效表现中部分b的权重，b=1，2，…，4。

附　录　A

（规范性附录）

现代奶牛场战略潜力评价

表A.1　现代奶牛场布局合理化评分要求

序号	要求	分值
1.1	奶牛场周边无有害污染源，远离学校、公共场所、主要交通道路、居民居住地等地区，便于防疫管理	10
1.2	奶牛场需封闭在独立区域内，使用砖墙、铁艺、塑钢板等材质围墙、围栏进行有效隔离	10
1.3	奶牛场包括生活办公区、饲草料区、生产区、粪污处理区、病牛隔离区等功能区，布局合理	20
1.4	奶牛场生产区、生活区分离，生产区不得有人员居住	5
1.5	有专用的淘牛通道，防止交叉污染	10
1.6	生产区净道和污道应分开	10
1.7	牛舍、运动场、道路以外地带应绿化	5
1.8	饲草料区紧靠生产区，且位于生产区下风地势较高处，同时配有消防设施，应符合GB 50039中的规定	10
1.9	泌乳牛舍靠近挤奶厅，待挤区与挤奶厅相连	10
1.10	运奶车单独通道，不与进入牛场的其他车辆发生交叉，一年四季方便进出	10

表A.2　现代奶牛场养殖规模化评分要求

序号	要求	分值
2.1	牧场占地面积≥50亩	10
2.2	存栏或颈夹数≥100头（位）	5
2.3	奶牛场设有车辆消毒池，人员消毒通道，且可正常有效使用，符合GB 16568中3.2.4的规定	10

（续表）

序号	要求	分值
2.4	场内通往牛舍、饲草料贮存处、饲料加工车间、化粪池等运输主、支干道全部硬化	10
2.5	具备标准化牛舍，符合NY/T 2662中6.1的规定	10
2.6	应配备与成母牛规模相适应的卧床或运动场	10
2.7	针对泌乳牛、干奶牛、育成牛、犊牛实施分群饲喂	10
2.8	统一使用TMR（4月龄以下牛群除外）	10
2.9	具备青贮窖或青贮平台	10
2.10	具备独立的兽医、繁育工作室和药品储存间及相应的技术人员	10
2.11	具备相对独立的原料奶和饲料检测空间，并配备相应的检测、贮存设备	5

表A.3　现代奶牛场管理智能化评分要求

序号	要求	分值
3.1	使用牧场信息化管理平台软件	25
3.2	挤奶设备具有自动计量管理和真空、脉动监测系统	15
3.3	具备精准饲喂系统，能够监控TMR制作精确度、投喂准确度、饲料使用清单	15
3.4	具备奶牛发情监测系统，配备计步器、电子耳标等智能穿戴设备	10
3.5	场区牛舍、待挤区、奶厅配备喷淋、风扇设备，且能够满足奶牛防暑降温需求，并可自动调节	10
3.6	具备牛号识别系统，使用自动分群门	5
3.7	挤奶设备具备自动清洗功能，CIP数据采集，能够对清洗管道和奶罐过程中的水温、pH值、压力进行监控，保证清洗程序准确进行	5
3.8	具备监控设施，至少覆盖牧场大门、兽药室、泌乳牛舍、挤奶厅、化验室、制冷间、饲料加工车间、饲喂通道、装车广场，保存期限不少于15天	10
3.9	具备环境监测系统，包括温度、湿度、氨气值、风速等物联网终端	5

表A.4 现代奶牛场发展持续化评分要求

序号	要求	分值
4.1	奶牛场应具备持续发展的内在动力和科学决策，详细制定了中长期发展规划和经营计划	8
4.2	具备现代企业的财务核算体系，能够出具完整财务报表，包括资产负债表、利润表、现金流量表	5
4.3	奶牛场征信记录和财务状况良好，并持续坚持重合同守信用	8
4.4	拥有与奶牛场发展相适宜的管理和技术团队、管理制度及流程建设	8
4.5	职工宿舍、餐厅及活动室完备	4
4.6	制定有培训制度和中长期培养计划，能够确保人、牛和谐健康发展	8
4.7	按照现代牛场可持续发展要求，配套合理的饲料种植和粪肥消纳土地	15
4.8	根据养殖规模，奶牛场能够提供环境评估报告或者环境评估登记表，排污符合GB 18596中的规定	8
4.9	奶牛场配套有完整的粪污处理工艺及设备设施，如：防渗收集区（坑、池、厂）、存储区（晾晒场或氧化塘等）、处理途径（自有或租赁土地还田、外卖、第三方处理、做垫料等）	8
4.10	现代奶牛场应有规范的医疗垃圾、病死畜无害化、废机油及其他危险废物处理设施或处理途径，并能够实现全程监督和资料的可溯源性	8
4.11	具有奶牛场标准化操作规程（SOP）	8
4.12	有完善的牛场生物安全计划，开展检疫、免疫以及牛群主要疫病的净化工作	12

附 录 B

（规范性附录）

现代奶牛场绩效表现评价

表B.1 现代奶牛场生产标准化评分要求

序号	要求	分值
5.1	挤奶流程	20
5.1.1	保障挤奶员卫生安全	4
5.1.2	按合理顺序挤奶，赶牛过程观察异常牛只情况并记录	4
5.1.3	具备科学合理的挤奶流程并有效执行	4
5.1.4	贮奶冷藏设备正常运转，保障牛奶及时冷却，牛奶冷却温度控制在0~4℃	4
5.1.5	奶厅设备具备合理的日常清洗流程及维护保养计划，并有效实施	4
5.2	犊牛饲养	20
5.2.1	初生犊牛及时清洁护理、记录信息、正确饲喂初乳	3
5.2.2	保障清洁饮水，饲喂器具卫生	3
5.2.3	犊牛舍垫料干燥舒适、通风良好，定期消毒	3
5.2.4	专人关注犊牛腹泻、肺炎情况	4
5.2.5	犊牛断奶体重及采食量达标	4
5.2.6	有无断奶过渡流程	3
5.3	干奶围产	20
5.3.1	干奶流程完善合理	5
5.3.2	干奶后观察有无漏奶及干奶期乳房炎，并及时处理和记录	5
5.3.3	围产期天数足够，集中转群	5
5.3.4	围产舍密度合理、定期清理消毒	5
5.4	产房及产后护理	25
5.4.1	进行临产观察并记录	5

（续表）

序号	要求	分值
5.4.2	接产人员需消毒和防护	5
5.4.3	接产人员知晓产前征兆、接产工具准备、助产时机、清洗消毒流程、助产操作流程	5
5.4.4	具备产后护理流程，并做好记录	5
5.4.5	进行初乳质量评定并冷冻储存	5
5.5	TMR制作符合NY/T 3049中的规定	10
5.5.1	围产牛TMR切割整齐，搅拌均匀	2
5.5.2	泌乳牛TMR切割整齐，搅拌均匀	2
5.5.3	有效控制称重误差	2
5.5.4	水分控制在45%～55%的合理区间	1
5.5.5	加料顺序符合操作程序要求，添加物料应占搅拌容积的50%～85%	3
5.6	机械设备管理	5
5.6.1	具备机械设备维修保养记录	3
5.6.2	具备应急管理预案	2

表B.2 现代奶牛场品种良种化评分要求

序号	要求	分值
6.1	具有完整的牛只三代系谱档案，开展品种登记，编号符合GB/T 3157中的规定	20
6.2	具有完整的繁殖记录	10
6.3	开展奶牛生产性能测定，符合NY/T 1450中的规定	10
6.4	开展体型外貌鉴定，符合GB/T 35568中的规定	10
6.5	定期开展了检疫和免疫工作	10
6.6	配备流量计和测丈等设备，并定期对相应设备进行校准	10
6.7	科学制定育种规划，持续开展选种选配，使用官方发布的公牛冻精	20
6.8	奶牛平均年单产8.5t以上	10

表B.3 现代奶牛场动物福利化评分要求

序号	要求	分值
7.1	为奶牛提供清洁、充足的饮水，水质符合GB 5749中的规定	12
7.2	为奶牛提供适当，且优质、足量、稳定的饲料	13
7.3	满足奶牛社交需求、能够表达天性	10
7.4	生活环境（温度、光照、空气质量等）适宜，休息区域及设施舒适	20
7.5	具备保障奶牛健康的管理措施，保障奶牛健康，免受疾病、伤害	30
7.6	保障奶牛无恐惧或悲伤感，降低各类应激	15

表B.4 现代奶牛场产品优质化评分要求

序号	要求	分值
8.1	奶牛场采购正规厂家成品饲料、兽药、奶厅易耗（清洗液、消毒液、药浴液）、检测试剂等，保证质量可追溯	25
8.2	近一年内生鲜乳交售不得出现掺杂使假，按照GB 19301生鲜乳质量安全要求，控制生鲜乳中物理性、化学性和生物性风险因素	25
8.3	近一月内生鲜乳菌落总数小于10万CFU/mL的合格率≥90%	15
8.4	近一月生鲜乳蛋白率≥3.20%的合格率≥80%	15
8.5	近一月生鲜乳体细胞数≤25万个/mL的合格率≥80%	20

附 录 C

（规范性附录）

现代奶牛场战略潜力和绩效表现评分权重

表C.1　现代奶牛场战略潜力各部分的评分权重

序号	评价部分	各部分总分	权重
9.1	现代奶牛场布局合理化	100	30%
9.2	现代奶牛场养殖规模化	100	30%
9.3	现代奶牛场管理智能化	100	20%
9.4	现代奶牛场发展持续化	100	20%

表C.2　现代奶牛场绩效表现各部分的评分权重

序号	评价部分	各部分总分	权重
10.1	现代奶牛场生产标准化	100	40%
10.2	现代奶牛场品种良种化	100	20%
10.3	现代奶牛场动物福利化	100	20%
10.4	现代奶牛场产品优质化	100	20%

附 录 D

（规范性附录）

现代奶牛场评分与定级划分

表D.1 现代奶牛场评分与定级对应表

级别	战略潜力得分（x）	绩效表现得分（y）
S级	x≥80	y≥90
A级	40≤x<80	y≥90
	x≥80	50≤y<90
B级	30≤x<40	y≥90
	40≤x<80	50≤y<90
	x≥80	40≤y<50
C级	30≤x<40	40≤y<90
	40≤x<80	40≤y<50
无	x<30	—
	—	y<40

附录2

现代奶牛场定级与评价管理办法（试行）

第一章　总则

第一条　为了促进中国奶业产业一体化的协同发展，增强现代奶牛场定级与评价工作的规范性和科学性，特制定本办法。

第二条　现代奶牛场定级与评价管理办法包括管理机构、申请及标志使用、标准和基本要求、程序和执行等。

第三条　本办法的制定遵循合法性、整体性、一贯性、适应性、制衡性原则。

第四条　开展现代奶牛场定级评价工作应严格按照本办法的相关要求，对奶牛场进行公平公正的客观评价。

第二章　管理机构

第五条　中国奶业协会设立现代奶业评价工作领导小组（简称"领导小组"），是现代奶牛场定级与评价工作的最高管理机构。

（一）职能。全面负责全国现代奶牛场定级与评价整体工作，批准发布管理办法和规定等。

（二）人员组成。由中国奶业协会、重点奶牛养殖和乳品加工企业主要负责人组成。设组长1名，副组长、组员若干名。

第六条　领导小组下设现代奶业评价工作管理办公室（以下简称"管理办公室"）和现代奶牛场定级与评价中心（以下简称"评价中心"）作为办事机构。

（一）管理办公室负责日常工作，使用中国奶业协会公章作为代章。由管理办公室主任主持日常工作。

职责和权限：

1.制定和执行现代奶牛场定级与评价工作的管理办法。

2.组织实施对现代奶牛场的定级与评价工作。

3.统一制作和核发定级证书和电子标牌。

4. 负责现代奶牛场定级评价师（以下简称"评价师"）的管理、培训和考核等。

5. 对评价中心开展评定工作进行授权和提出取消授权意见并报领导小组审定。

6. 负责对评价中心的现代奶牛场评定工作进行督查。

7. 对评价中心违反规定所评定的结果，提出否决意见并报领导小组审定。

（二）评价中心由管理办公室提议，报领导小组审核通过产生。根据当地实际需要确定设立数量，由领导小组成员单位相关部门1名负责人和5名（含）以上评价师组成。根据管理办公室的授权开展现代奶牛场评定工作。

职责和权限：

1. 执行管理办公室部署的各项工作任务。

2. 负责相关地区的现代奶牛场评定工作。

3. 负责本中心评价师的评价工作管理。

第七条 现代奶牛场定级评价师是指经中国奶业协会培训，考核合格，自愿从事现代奶牛场定级与评价工作的从业人员。

第三章 申请及标志使用

第八条 现代奶牛场定级和评价遵循企业自愿的申请原则。

第九条 符合《现代奶业评价 奶牛场定级与评价》（T/DACS 001.1—2020）标准要求的奶牛场，均可进行定级。经评价中心评定达到相应级别的奶牛场，由中国奶业协会颁发相应的定级证书和电子标牌。证书有效期为3年。

第十条 定级证书和电子标牌由中国奶业协会统一核发。任何单位或个人未经授权或认可，不得擅自制作和使用。

第十一条 定级标牌上的编号与相应的定级证书编号一致方为有效。

第十二条 现代奶牛场定级标牌应置于明显位置，接受公众监督。

第十三条 定级奶牛场的等级标志可用于奶牛场介绍等宣传材料上。但不可用在产品和产品包装（能到最终用户手里的）上，或其他会被理解为表示产品符合有关要求的情况。

第十四条 定级奶牛场因更名需更换定级证书，可凭工商部门有关文件证明进行更换，同时必须交还原定级证书。证书有效期同原定级证书。

第四章　标准和基本要求

第十五条　现代奶牛场定级与评价依据《现代奶业评价　奶牛场定级与评价》（T/DACS 001.1—2020）进行，要求如下。

（一）满足评价依据标准中第6.1必备条件的规定。

（二）现代奶牛场战略潜力的总分不低于30分。

（三）现代奶牛场绩效表现的总分不低于40分。

第十六条　申请的奶牛场达不到第十五条要求的不予进行定级。

第十七条　奶牛场定级后，在证书有效期内发生重大改造及迁址的必须向评价中心申报，接受复查或重新评定。

第五章　程序和执行

第十八条　按照以下程序开展定级评价。

（一）申请。奶牛场应对照《现代奶业评价　奶牛场定级与评价》（T/DACS 001.1—2020）充分准备的基础上，向评价中心递交定级与评价申请材料。申请材料包括：

1.《现代奶牛场定级申请表》（附件1）。

2.加盖公章的营业执照、动物防疫条件合格证、员工健康证复印件。

（二）评价。评价中心收到奶牛场申请材料后，委派不少于3名评价师（其中至少有1名为关联乳品企业的评价师）的评价小组，于30个工作日内，按照《现代奶业评价　奶牛场定级与评价》（T/DACS 001.1—2020）标准的规定对申报奶牛场进行评价。

（三）审核。评价结束后20个工作日内，评价中心向管理办公室提交现代奶牛场定级评价材料，管理办公室进行审核，审核结果提交领导小组。提交的主要材料包括：《现代奶牛场定级申请表》《现代奶牛场定级评价报告》（附件2）、《现代奶牛场评价表》（附件3）。

（四）定级。经领导小组主要负责人批准后，授予现代奶牛场定级证书和电子标牌，在中国奶业协会正式备案。

（五）申诉。申请定级与评价的奶牛场对其评价过程及定级结果如有异议，可向管理办公室申诉。管理办公室对申诉进行调查，根据调查结果提出答复意见，并报领导小组审定后予以答复。

（六）督查。管理办公室组织评价师抽查奶牛场定级与评价情况，对定级评价工作进行监督。对评价过程中存在不符合程序或不符合标准要求的定级结果，及时提出予以否决处理意见，以及对相关责任的评价中心和评价师进行处理的意见，报领导小组审定。

第六章　附则

第十九条　评价师的管理按照《现代奶牛场定级评价师管理办法（试行）》执行。

第二十条　现代奶牛场定级与评价工作暂不向奶牛场收费。

第二十一条　本办法由中国奶业协会负责解释。

第二十二条　本办法于2020年8月1日起开始实施。

附件1

现代奶牛场定级申请表

奶牛场名称			
奶牛场编号		奶牛品种	
所属集团			
详细地址			
负责人		手机	
联系人		手机	
员工人数			
现有牛群总数		其中泌乳牛数	
现有生鲜乳交售情况	交售企业名称		交售量（t/d）
	1.		
	2.		
	3.		

　　本单位郑重承诺，申请现代奶牛场定级所提交的资料、现场评价时所提供查阅的材料和叙述的情况全部真实有效。如有虚假，愿意承担由此带来的一切后果。

负责人签字（盖章）：

申请日期：　　年　月　日

受理评价中心意见：

□受理

□不予受理（原因：　　　　　　　　　　　　）

负责人签字（盖章）：

受理日期：　　年　月　日

附件2
现代奶牛场定级评价报告

评价中心			
奶牛场名称		奶牛场编号	
评估组成员姓名	单位		评价资格证编号

评价结论与建议：

　一、□必备条件符合　□必备条件不符合

　二、现代奶牛场的战略潜力总分＿＿＿分，现代奶牛场的绩效表现总分＿＿＿分

　三、推荐级别：□S级　□A级　□B级　□C级　□不予定级

　四、整改意见：

评价组组长（签字）：

评价组成员（签字）：

　　　　　　　　　　　　　　　日期：　　年　　月　　日

奶牛场意见：

　　　　　　　　　　　　　　负责人签字（盖章）：

　　　　　　　　　　　　　　日期：　　年　　月　　日

评价中心意见（负责人签字）：

　　　　　　　　　　　　　　日期：　　年　　月　　日

管理办公室审核意见：

□同意定级（定级证书编号：＿＿＿＿＿＿），□不同意定级（原因：　　　　　　）

　　　　　　　　　　　　　　主任（签字）：

　　　　　　　　　　　　　　日期：　　年　　月　　日

附件3

现代奶牛场评价表

奶牛场名称：			
评价组成员姓名	评价资格证编号	评价结论一致性	备注
		□一致　□不一致	
		□一致　□不一致	
		□一致　□不一致	

评价组结论：

一、□必备条件符合　□必备条件不符合

二、现代奶牛场的战略潜力总分＿＿＿＿＿＿＿分，其中：

　　布局合理化得分＿＿＿＿＿＿＿（分）×30%=＿＿＿＿＿＿＿（分）

　　养殖规模化得分＿＿＿＿＿＿＿（分）×30%=＿＿＿＿＿＿＿（分）

　　管理智能化得分＿＿＿＿＿＿＿（分）×20%=＿＿＿＿＿＿＿（分）

　　发展持续化得分＿＿＿＿＿＿＿（分）×20%=＿＿＿＿＿＿＿（分）

三、现代奶牛场的绩效表现总分＿＿＿＿＿＿＿分，其中：

　　生产标准化得分＿＿＿＿＿＿＿（分）×40%=＿＿＿＿＿＿＿（分）

　　品种良种化得分＿＿＿＿＿＿＿（分）×20%=＿＿＿＿＿＿＿（分）

　　动物福利化得分＿＿＿＿＿＿＿（分）×20%=＿＿＿＿＿＿＿（分）

　　产品优质化得分＿＿＿＿＿＿＿（分）×20%=＿＿＿＿＿＿＿（分）

　　组长（签字）：

　　成员（签字）：

　　　　　　　　　　　　　　　　　　　　　　　评估日期：　　年　月　日

表A.1　现代奶牛场布局合理化

序号	要求	得分
1.1	奶牛场周边无有害污染源，远离学校、公共场所、主要交通道路、居民居住地等地区，便于防疫管理	
1.2	奶牛场需封闭在独立区域内，使用砖墙、铁艺、塑钢板等材质围墙、围栏进行有效隔离	
1.3	奶牛场包括生活办公区、饲草料区、生产区、粪污处理区、病牛隔离区等功能区，布局合理	
1.4	奶牛场生产区、生活区分离，生产区不得有人员居住	
1.5	有专用的淘牛通道，防止交叉污染	
1.6	生产区净道和污道应分开	
1.7	牛舍、运动场、道路以外地带应绿化	
1.8	饲草料区紧靠生产区，且位于生产区下风地势较高处，同时配有消防设施，应符合GB 50039中的规定	
1.9	泌乳牛舍靠近挤奶厅，待挤区与挤奶厅相连	
1.10	运奶车单独通道，不与进入牛场的其他车辆发生交叉，一年四季方便进出	
现代奶牛场布局合理化部分总分		

表A.2　现代奶牛场养殖规模化

序号	要求	得分
2.1	牧场占地面积≥50亩	
2.2	存栏或颈夹数≥100头位	
2.3	奶牛场设有车辆消毒池，人员消毒通道，且可正常有效使用，符合GB 16568中3.2.4的规定	
2.4	场内通往牛舍、饲草料贮存处、饲料加工车间、化粪池等运输主、支干道全部硬化	
2.5	具备标准化牛舍，符合NY/T 2662中6.1的规定	
2.6	应配备与成母牛规模相适应的卧床或运动场	
2.7	针对泌乳牛、干奶牛、育成牛、犊牛实施分群饲喂	
2.8	统一使用TMR（4月龄以下牛群除外）	
2.9	具备青贮窖或青贮平台	
2.10	具备独立的兽医、繁育工作室和药品储存间及相应的技术人员	

（续表）

序号	要求	得分
2.11	具备相对独立的原料奶和饲料检测空间，并配备相应的检测、贮存设备	
	现代奶牛场养殖规模化部分总分	

表A.3 现代奶牛场管理智能化

序号	要求	得分
3.1	使用牧场信息化管理平台软件	
3.2	挤奶设备具有自动计量管理和真空、脉动监测系统	
3.3	具备精准饲喂系统，能够监控TMR制作精确度、投喂准确度、饲料使用清单	
3.4	具备奶牛发情监测系统，配备计步器、电子耳标等智能穿戴设备	
3.5	场区牛舍、待挤区、奶厅配备喷淋、风扇设备，且能够满足奶牛防暑降温需求，并可自动调节	
3.6	具备牛号识别系统，使用自动分群门	
3.7	挤奶设备具备自动清洗功能，CIP数据采集，能够对清洗管道和奶罐过程中的水温、pH值、压力进行监控，保证清洗程序准确进行	
3.8	具备监控设施，至少覆盖牧场大门、兽药室、泌乳牛舍、挤奶厅、化验室、制冷间、饲料加工车间、饲喂通道、装车广场，保存期限不少于15天	
3.9	具备环境监测系统，包括温度、湿度、氨气值、风速等物联网终端	
	现代奶牛场管理智能化部分总分	

表A.4 现代奶牛场发展持续化

序号	要求	得分
4.1	奶牛场应具备持续发展的内在动力和科学决策，详细制定了中长期发展规划和经营计划	
4.2	具备现代企业的财务核算体系，能够出具完整财务报表，包括资产负债表、利润表、现金流量表	
4.3	奶牛场征信记录和财务状况良好，并持续坚持重合同守信用	
4.4	拥有与奶牛场发展相适宜的管理和技术团队、管理制度及流程建设	
4.5	职工宿舍、餐厅及活动室完备	

（续表）

序号	要求	得分
4.6	制定有培训制度和中长期培养计划，能够确保人、牛和谐健康发展	
4.7	按照现代牛场可持续发展要求，配套合理的饲料种植和粪肥消纳土地	
4.8	根据养殖规模，奶牛场能够提供环境评估报告或者环境评估登记表，排污符合GB 18596中的规定	
4.9	奶牛场配套有完整的粪污处理工艺及设备设施，如：防渗收集区（坑、池、厂）、存储区（晾晒场或氧化塘等）、处理途径（自有或租赁土地还田、外卖、第三方处理、做垫料等）	
4.10	现代奶牛场应有规范的医疗垃圾、病死畜无害化、废机油及其他危险废物处理设施或处理途径，并能够实现全程监督和资料的可溯源性	
4.11	具有奶牛场标准化操作规程（SOP）	
4.12	有完善的牛场生物安全计划，开展检疫、免疫以及牛群主要疫病的净化工作	
	现代奶牛场发展持续化部分总分	

表B.1 现代奶牛场生产标准化

序号	要求	得分
5.1	挤奶流程	—
5.1.1	保障挤奶员卫生安全	
5.1.2	按合理顺序挤奶，赶牛过程观察异常牛只情况并记录	
5.1.3	具备科学合理的挤奶流程并有效执行	
5.1.4	贮奶冷藏设备正常运转，保障牛奶及时冷却，牛奶冷却温度控制在0～4℃	
5.1.5	奶厅设备具备合理的日常清洗流程及维护保养计划，并有效实施	
5.2	犊牛饲养	—
5.2.1	初生犊牛及时清洁护理、记录信息、正确饲喂初乳	
5.2.2	保障清洁饮水，饲喂器具卫生	
5.2.3	犊牛舍垫料干燥舒适、通风良好，定期消毒	
5.2.4	专人关注犊牛腹泻、肺炎情况	
5.2.5	犊牛断奶体重及采食量达标	
5.2.6	有无断奶过渡流程	

（续表）

序号	要求	得分
5.3	干奶围产	—
5.3.1	干奶流程完善合理	
5.3.2	干奶后观察有无漏奶及干奶期乳房炎，并及时处理和记录	
5.3.3	围产期天数足够，集中转群	
5.3.4	围产舍密度合理、定期清理消毒	
5.4	产房及产后护理	—
5.4.1	进行临产观察并记录	
5.4.2	接产人员需消毒和防护	
5.4.3	接产人员知晓产前征兆、接产工具准备、助产时机、清洗消毒流程、助产操作流程	
5.4.4	具备产后护理流程，并做好记录	
5.4.5	进行初乳质量评定并冷冻储存	
5.5	TMR制作符合NY/T 3049中的规定	—
5.5.1	围产牛TMR切割整齐，搅拌均匀	
5.5.2	泌乳牛TMR切割整齐，搅拌均匀	
5.5.3	有效控制称重误差	
5.5.4	水分控制在45%~55%的合理区间	
5.5.5	加料顺序符合操作程序要求，添加物料应占搅拌容积的50%~85%	
5.6	机械设备管理	—
5.6.1	具备机械设备维修保养记录	
5.6.2	具备应急管理预案	

现代奶牛场生产标准化部分总分

表B.2　现代奶牛场品种良种化

序号	要求	得分
6.1	具有完整的牛只三代系谱档案，开展品种登记，编号符合GB/T 3157中的规定	
6.2	具有完整的繁殖记录	
6.3	开展奶牛生产性能测定，符合NY/T 1450中的规定	

（续表）

序号	要求	得分
6.4	开展体型外貌鉴定，符合GB/T 35568中的规定	
6.5	定期开展了检疫和免疫工作	
6.6	配备流量计和测丈等设备，并定期对相应设备进行校准	
6.7	科学制定育种规划，持续开展选种选配，使用官方发布的公牛冻精	
6.8	奶牛平均年单产8.5t以上	
	现代奶牛场品种良种化部分总分	

表B.3 现代奶牛场动物福利化

序号	要求	得分
7.1	为奶牛提供清洁、充足的饮水，水质符合GB 5749中的规定	
7.2	为奶牛提供适当，且优质、足量、稳定的饲料	
7.3	满足奶牛社交需求、能够表达天性	
7.4	生活环境（温度、光照、空气质量等）适宜，休息区域及设施舒适	
7.5	具备保障奶牛健康的管理措施，保障奶牛健康、免受疾病、伤害	
7.6	保障奶牛无恐惧或悲伤感，降低各类应激	
	现代奶牛场动物福利化部分总分	

表B.4 现代奶牛场产品优质化

序号	要求	得分
8.1	奶牛场采购正规厂家成品饲料、兽药、奶厅易耗（清洗液、消毒液、药浴液）、检测试剂等，保证质量可追溯	
8.2	近一年内生鲜乳交售不得出现掺杂使假，按照GB 19301生鲜乳质量安全要求，控制生鲜乳中物理性、化学性和生物性风险因素	
8.3	近一月内生鲜乳菌落总数小于10万CFU/mL的合格率≥90%	
8.4	近一月生鲜乳蛋白率≥3.20%的合格率≥80%	
8.5	近一月生鲜乳体细胞数≤25万个/mL的合格率≥80%	
	现代奶牛场产品优质化部分总分	

附录3

现代奶牛场定级评价师管理办法（试行）

根据《现代奶业评价　奶牛场定级与评价》（T/DACS 001.1—2020）标准要求，为规范奶牛场评价工作，确保奶牛场定级质量，加强对现代奶牛场定级评价师（以下简称"评价师"）的管理，制定本办法。

第一章　任职与管理

第一条　评价师要求

（一）有较高的政策水平和较强的法制观念，具有良好的思想品德和职业操守。

（二）熟悉畜牧养殖、乳品加工相关法规。

（三）从事规模奶牛场管理、奶源品质管控、养殖技术服务等相关工作五年以上。

（四）全面掌握《现代奶业评价　奶牛场定级与评价》（T/DACS 001.1—2020）标准。

（五）所在单位支持，同意其参加评价师资格考试和参加评价师工作。

第二条　评价师由中国奶业协会负责培训、考核、管理，统一颁发现代奶牛场定级评价师资格证。评价师资格证有效期为3年。

第三条　评价师在资格证到期前12个月内，可参加资格考试，合格的换发评价师资格证。

第四条　评价师应服从现代奶牛场定级与评价工作管理办公室抽调，参加全国范围内的奶牛场定级评价、复核和督查工作。

第五条　评价师由现代奶牛场定级与评价中心（以下简称"评价中心"）负责选聘。接受所属评价中心的工作管理，承担奶牛场定级评价、复核和其他评价工作。

第二章　工作要求

第六条　服从所属评价中心的任务安排，按规定时间抵达评审奶牛场，主动出示评价师资格证，认真履行评价师的职责。

第七条　按照《现代奶业评价　奶牛场定级与评价》（T/DACS 001.1—2020）标

准的规定，对《现代奶牛场评价表》逐项打分和汇总，撰写《现代奶牛场评价报告》呈交评价中心。

第八条　《现代奶牛场定级评价报告》内容应规范严谨，针对奶牛场存在的问题，提出的整改要求明确，具有较强的可操作性。

第九条　评审期间要衣履整洁、谦虚谨慎、尊重奶牛场的领导和员工，遵守奶牛场卫生安全管理规定。

第十条　廉洁自律，不得向接受评审奶牛场提出与评审无关的要求，不得为个人或亲属谋取私利。

第三章　资格注销

第十一条　评价师资格证过期的、主动向中国奶业协会提出注销的、违反本办法规定的，中国奶业协会予以注销。

第四章　其他

第十二条　本办法由中国奶业协会负责解释。
第十三条　本办法于2020年8月1日起开始实施。